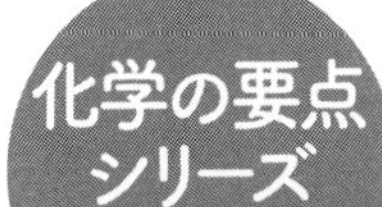

39

時間分解赤外分光

光化学反応の瞬間を診る

日本化学会［編］
恩田　健［著］

共立出版

『化学の要点シリーズ』編集委員会

『化学の要点シリーズ』発刊に際して

現在，我が国の大学教育は大きな節目を迎えている．近年の少子化傾向，大学進学率の上昇と連動して，各大学で学生の学力スペクトルが以前に比較して，大きく拡大していることが実感されている．これまでの「化学を専門とする学部学生」を対象にした大学教育の実態も大きく変貌しつつある．自主的な勉学を前提とし「背中を見せる」教育のみに依拠する時代は終焉しつつある．一方で，インターネット等の情報検索手段の普及により，比較的安易に学修すべき内容の一部を入手することが可能でありながらも，その実態は断片的，表層的な理解にとどまってしまい，本人の資質を十分に開花させるきっかけにはなりにくい事例が多くみられる．このような状況で，「適切な教科書」，適切な内容と適切な分量の「読み通せる教科書」が実は渇望されている．学修の志を立て，学問体系のひとつひとつを反芻しながら咀嚼し学術の基礎体力を形成する過程で，教科書の果たす役割はきわめて大きい．

例えば，それまでは部分的に理解が困難であった概念なども適切な教科書に出会うことによって，目から鱗が落ちるがごとく，急速に全体像を把握することが可能になることが多い．化学教科の中にあるそのような，多くの「要点」を発見，理解することを目的とするのが，本シリーズである．大学教育の現状を踏まえて，「化学を将来専門とする学部学生」を対象に学部教育と大学院教育の連結を踏まえ，徹底的な基礎概念の修得を目指した新しい『化学の要点シリーズ』を刊行する．なお，ここで言う「要点」とは，化学の中で最も重要な概念を指すというよりも，上述のような学修する際の「要点」を意味している．

本シリーズの特徴を下記に示す．

1）科目ごとに，修得のポイントとなる重要な項目・概念などをわかりやすく記述する．
2）「要点」を網羅するのではなく，理解に焦点を当てた記述をする．
3）「内容は高く」，「表現はできるだけやさしく」をモットーとする．
4）高校で必ずしも数式の取り扱いが得意ではなかった学生にも，基本概念の修得が可能となるよう，数式をできるだけ使用せずに解説する．
5）理解を補う「専門用語，具体例，関連する最先端の研究事例」などをコラムで解説し，第一線の研究者群が執筆にあたる．
6）視覚的に理解しやすい図，イラストなどをなるべく多く挿入する．

本シリーズが，読者にとって有意義な教科書となることを期待している．

『化学の要点シリーズ』編集委員会
井上晴夫（委員長）
池田富樹　伊藤　攻　岩澤康裕　上村大輔
佐々木政子　高木克彦　西原　寛

はじめに

本書は時々刻々と変化する分子を観測するための時間分解赤外分光法と，その変化する分子，とくにその光化学過程を理解するための基礎知識をまとめたものである．

光と分子が関わる光化学過程は，植物の光合成や動物の視覚など自然界に数多く存在する．また，色素や発光材料，太陽電池，光センサーなど，光と分子の相互作用を利用した製品も身近にたくさんある．さらに現在，エネルギー問題，環境問題の解決を目指した新たな光機能性分子の開発も盛んに行われている．このように身近な光化学反応であるが，高校や大学で一般に習う熱的化学反応とは本質的に異なっている．これは，光子エネルギーが熱エネルギーに比べてきわめて大きいこと，光を吸収した分子の初期状態が熱的状態（熱平衡状態）とはかけ離れていることに原因がある．また，このような光化学過程を実験的に観測する装置も一般的な化学分析装置とは異なる．これは光化学過程が 1000 兆分の 1 秒から秒の幅広い時間にわたって起こるため，この過程を実時間で観測できる装置が必要となるためである．

ここでは，このような光化学過程を理解するための基礎的な知識，熱的化学反応とどのように違うのか？　どのような理論的方法を使えば理解できるのか？　さらに，どのような装置を使えば実際に観測できるのか？　について紹介する．実際の光化学反応は，分子の多様性も相まって非常に多岐にわたる．そこで，本書ではその多くに共通する基礎的な考え方の紹介に重きをおいた．ここで紹介する考え方をもとにすれば，多様な光化学過程を統一的に理解できるようになるであろう．また時間分解赤外分光が実用的な試料をその場観測できるようになったのはごく最近である．しかし，広く普及したフーリエ変換赤外分光光度計（FT–IR）と同様，赤外振動分光における測定対象の広さ，得られる情報量の多さ，解析の容易さは，時間分解測定においても同じである．そのため，今後光化学過程を解析するための必須のツールとなるであろう．

本書では，光反応，より広くは光と分子の相互作用に関心はあるが，分子分光や物理化学を専門としない学生，研究者を対象にした．また光に関連した物質開発，材料開発を行っているが，その基礎的理解を望んでいる技術者も対象としている．分子のようにミクロな世界をきちんと取り扱うためには，数式を用いた現象の記述が必須である．しかし，数式が苦手な読者も想定し，式の計算はできるだけ省略した．その代わり，それぞれの式がどのようなモデルをもとに立てられているか，言い換えると，何を取り入れて，何を無視しているか，さらに得られた式が具体的にどのような現象を表しているかを詳しく説明するように努めた．ただし，初歩的な量子化学，統計力学の知識があると理解がより深まると思う．

紙面の都合上，ここで扱った内容はごく限られている．より深く学びたい場合は，参考文献に原著論文だけでなく日本語の総説，教科書なども多く付したので，これらを参照してほしい．なかには入手しにくいものもあるが図書館などを利用していただければ幸いである．最後に執筆の機会を与えてくださった井上晴夫先生に深く感謝申し上げる．また，図の作成を手伝ってくれた西郷将生氏，コラムの執筆を快く引き受けてくださった先生方にも深く感謝する．

2021 年 3 月

恩 田　健

目　次

コラム目次

第1章

分子の光励起過程と時間分解赤外振動分光

1.1　分子内で起こるさまざまな変化

室温付近にある分子は熱により何らかの変化をしている．また加熱や光照射によって，その変化はより激しくなる．図 1.1 に，このように分子内で起こっている変化のうちおもなものをまとめる．このなかで最も速い変化は，電子の動きや光の吸収であり，フェムト秒（10^{-15} s, fs）以下で起こっている．また分子振動や光励起状態における振動緩和は，フェムト秒からピコ秒（10^{-12} s, ps）で起こる．一方，発光過程やエネルギー移動，電子移動，熱反応など，機能性材料や生体内において重要な変化はナノ秒（10^{-9} s, ns）からミリ秒（10^{-3} s, ms）で起こっている．このような分子内で起こる変化の時間は何によって決まっているだろうか？　さらにこのような広い時間領域にわたる現象を分子レベルで理解するにはどのような測定法があるだろうか？　このような疑問に答えるのが本書のテーマである．

分子が変化を起こすためには何らかのエネルギー源が必要である．それには熱エネルギーと光エネルギーが考えられる．熱エネルギーによる変化は，一般に環境との熱平衡状態において起こり，熱力学，統計力学により理解することができる．一方，光による分子の変化は，光吸収の速さがフェムト秒と非常に速いため，その初期過程は

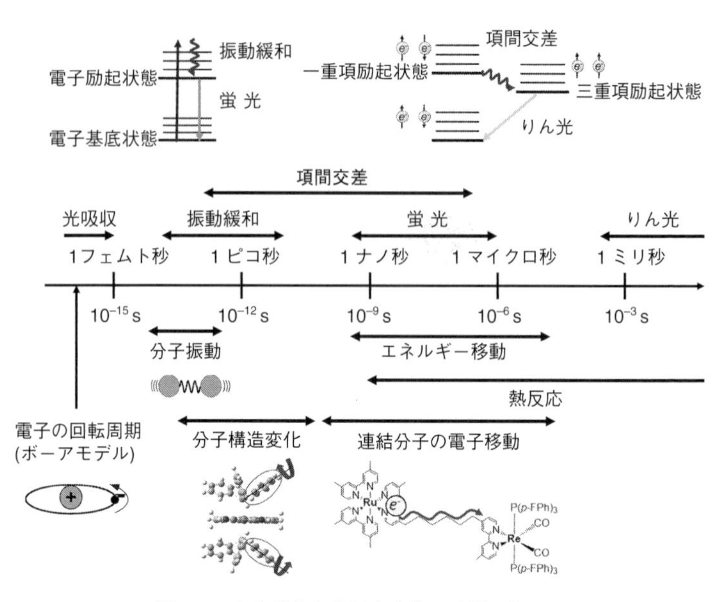

図 1.1　さまざまな分子内変化の時間スケール
横方向の矢印は各変化が起こるおもな時間範囲を表す.

熱平衡状態から大きく外れ，一般的な熱力学の考え方が適用できない．また電子励起状態では，分子振動準位や電子準位が密に存在し，それらの間にさまざまな相互作用が存在する．そのため光励起初期過程は，量子状態間の遷移確率という観点からの理解が必要となる．一方，電子励起状態の寿命がナノ秒以上と十分長くなると，電子励起状態内で熱平衡状態が達成され（準熱平衡状態，図 3.13 参照），近似的に熱力学，統計力学的理解も可能となる．その後，最終的に分子は電子基底状態へと緩和し，熱平衡状態となる．この光励起後，熱平衡状態へ緩和するまでの過程（光励起状態過程）についてもう少し詳しく見てみよう．

1.2　光励起状態過程

複雑な光励起状態過程を理解するために，しばしば図 1.2 のようなヤブロンスキー（Jablonski）図が用いられる．この図中で，S, T はそれぞれ一重項，三重項を表し，下付きの 0 は電子基底状態，1, 2 は電子励起状態の準位を表している．また各電子状態の太い線はそれぞれの電子状態における振動基底状態，細い線は振動励起状態を示す．線は上にいくほど，より高いエネルギーにある状態を表している．この図では，光吸収によって電子基底状態（S_0）の振動基底状態から，電子励起状態の複数の振動励起状態へ遷移すること（フランク–コンドン（Franck–Condon）遷移），その後，電子状態内での振動緩和や一重項電子状態間の遷移である内部転換が起こり，最低一重項電子励起状態 S_1 の最低振動状態から蛍光が発生する（カーシャ（Kasha）則）ことを示している．さらに S_1 からは，S_0 への内部転換による無放射緩和や三重項電子励起状態（T_1）への項間交

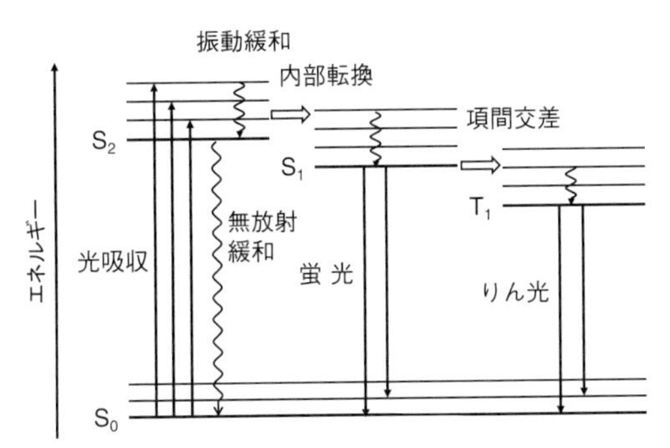

図 1.2　光励起状態過程のヤブロンスキー図による説明

差が起こることも示している．また T_1 の振動基底状態からはりん光が発生すること，さらに蛍光，りん光ともに，S_0 の振動基底状態だけでなく，振動励起状態への遷移が起こることも示している．このようにヤブロンスキー図を用いれば，光励起後に起こる現象をまとめて示すことができて便利である．

もうすこし実際の現象に近い図として，図1.3のようにポテンシャル曲線を用いて光励起状態過程を表す方法もよく用いられる．ここでは横軸に核間距離をとり，核間距離の変化に伴いエネルギーがどのように変化するかをポテンシャルエネルギー曲線として表している．これにより，分子を構成する核の位置とエネルギーの関係やポテンシャルどうしがどのように交差しているかがわかる．たとえば，光による高振動励起状態への遷移は，ポテンシャルの平衡核間距離の違いと光遷移が核の動きに比べて素早く起こることから説明でき

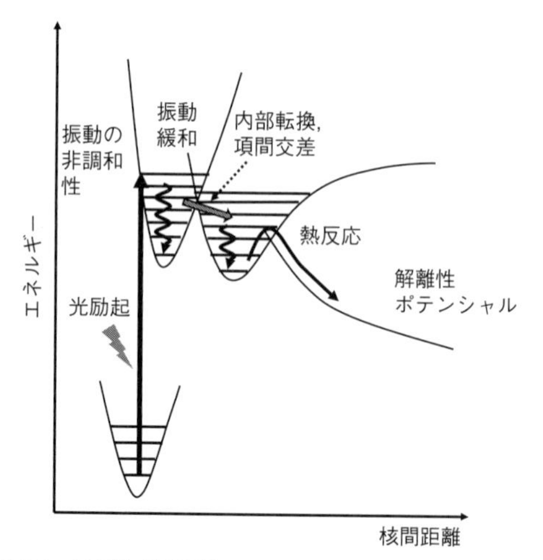

図1.3　光励起状態過程のポテンシャル曲線による説明

る．この現象は図中の垂直の矢印として表されている．またポテンシャル曲線の形状は，その電子状態において核間が強く束縛されているかどうか，あるいは解離性のものかを区別して表している．また振動準位は，同一電子状態中でも高いエネルギーほど振動準位間隔が狭くなる（振動の非調和性）ことも示しており，ポテンシャル曲線どうしの交差部分が，内部転換や項間交差，熱反応を考えるうえで重要であることも読み取れる．しかし，多原子分子では多次元で表す必要がある核間距離を一次元で表していること，分子の周りの環境，とくに溶液中の溶媒効果を別に考慮する必要があることなどに注意が必要である．

図 1.2 や 1.3 のような図を用いれば，複雑な光励起状態過程を整理して理解することができる．しかし，多くの重要な光物理，光化学過程では，電子状態間あるいはポテンシャル間の遷移過程が重要な役割を果たしている．このような過程は，量子的な電子状態，振動状態間の相互作用により決まるため，きちんと取り扱うには数式を用いた量子力学的表現が必要となってくる．そこで第 2 章以降では，これらの図では十分に表すことができない状態間相互作用などの現象を，量子力学的，統計力学的にできるだけきちんと取り扱う．ただし，この場合も複雑な現象を比較的簡単な数式で表現するため，多くの仮定を用いざるをえない．そのため数式そのものよりも，どのような条件で式が立てられているか，あるいはどのような仮定を用いて式が簡略化されているかを理解してほしい．さらに，得られた数式を実際の現象に当てはめる際は，これらの仮定の妥当性をよく考えることが重要である．

なおここで扱うトピックは限られているが，基本となる概念は共通であるため，本書で紹介する考え方は広く光化学的現象の理解に応用できるものである．より広範囲な現象や実例については，光化

学の成書 [1.1–8] を参照されたい．また式の導出も煩雑さを避けるため一部を除き省略したが，詳細な文献リストを付したのでそれらを参照してほしい．

1.3　時間分解分光

これまで見てきたように，光励起によって起こる過程は，非常に幅広い時間領域に及び，数多くの過程が競合しているため，現在においても理論計算や経験則のみで現象を理解し，予測することは困難である．この点は，精度の高い量子化学計算や豊富な経験則により，かなり理解が可能となっている電子基底状態で起こる熱反応とは大きく異なる．そのため，光励起過程の理解には，何らかの手段で現象を実験的に観測することが欠かせない．しかし，一般の分析機器は時間的変化がほとんどない定常状態を対象としているため，時間分解専用の測定機器が必要となる．

測定において十分な時間分解能を得るには，測定したい現象の時間変化より短い光パルスが必要となる．これはレーザーを用いることにより可能となる．レーザー光の特徴は，光の位相，つまり横波である電磁波の山と山，谷と谷が揃っていること（コヒーレント）であり，このような光を広い波長範囲で重ね合わせることによって短いパルスを得ることができる（詳しくは第 6 章で説明する）．レーザー光を用いたパルス光発生は，現在はフェムト秒以下ものも可能であるが，比較的入手が容易な装置として以下の 2 つが挙げられる．一つは，波長 800 nm 付近，パルス幅 100 fs 程度のチタンサファイアレーザーであり，もう一つは，波長 1064 nm，パルス幅 10 ns 程度の Nd:YAG レーザーである．さらにこれらを光源として，非線形光学過程を用いた波長変換を用いれば，紫外光から赤外光の任意の波長のパルスを得ることができる．一方，事象の検出には，高速応答する検出器を用いる方法とポンプ・プローブ法がある．前者は，半導体光検出器，光電子増倍管など 10 ns 程度の応答速度をもつものが容易に入手できるため，10 ns 以上の時間領域は比較的容易に測定が可能である．一方，より短い時間を計測する検出器としては，ストリークカメラという装置が市販されており，これを利用すればピコ秒程度の時間分解能で発光測定が可能となる．

ポンプ・プローブ法は，これらの高速な検出器を用いる方法に比べて，さらに時間分解能を高くすることができ，また非常に汎用性の高い測定手段である．その原理を図 1.4 (a) に示す．まず十分短い時間幅をもつ光を試料に照射することにより光反応や光誘起現象をスタートさせる．これに用いるパルス光をポンプ光とよぶ．さらにある遅延時間をおいて，やはり十分短い時間幅をもち，強度の弱いパ

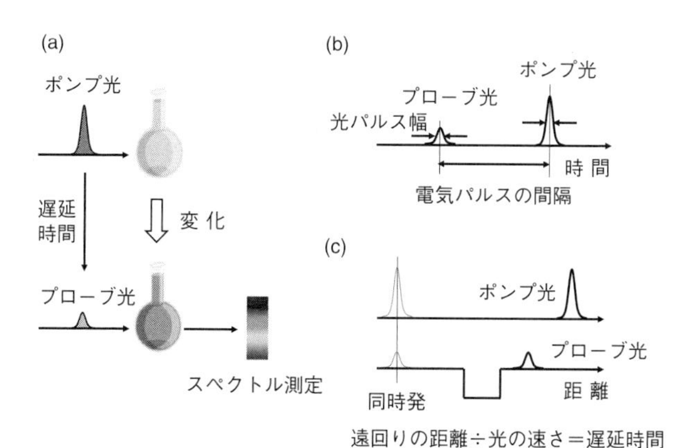

図 1.4　ポンプ・プローブ法の測定原理
(a) 測定原理，詳細は本文参照，(b) 電気的遅延（ナノ秒～ミリ秒），(c) 光学的遅延（フェムト秒～ナノ秒）．

ルス光（これをプローブ光とよぶ）を試料に照射し，試料からの透過光や散乱光を分光した後に検出する．この方法では，遅延時間中に進んだ現象をとらえることができる．また遅延時間はおもに 2 つの方法でつくることができる．一つは，図 1.4 (b) に示すようにパルス光を発生させる電気信号に時間差（電気的遅延）をつける方法で，電気回路の関係で最短の時間差はナノ秒程度であるが，長い方はミリ秒や秒以上の測定も可能である．もう一つは，図 1.4 (c) に示した光学的遅延を用いる方法である．これはポンプ光とプローブ光の光路長を変えることによって，それらの光の進む時間に差をつける方法である．光の進む速さは $3.0 \times 10^8\ \mathrm{m\ s^{-1}}$ であるため，0.3 mm の光路差で 1 ps の遅延時間が得られる．一方，長い遅延時間は，たとえば 10 ns の遅延時間には 3 m の光路が必要となるためあまり実用的ではない．ポンプ・プローブ法の時間分解能は，原理的にポンプ光，プローブ光の時間幅のみで決まり，検出器の応答速度にはよらない．上述したように現在ではフェムト秒以下のパルス光の発生も可能であるため，フェムト秒以下の時間分解での分光測定も可能である．そのため，十分高い時間分解能で図 1.1 に示した分子内の現象をすべて測定することが可能である．

ポンプ・プローブ法のもう一つの大きな利点は，十分短いパルスが得られればプローブは何でも良いということである．一般的な可視光だけでなく，赤外光から紫外光，X 線という広い波長領域の電磁波，あるいはパルス電子線のような粒子線もプローブとして使える．そのため，同様の装置で複数のプローブ手段を用いることにより，一つの観測手段だけでは明らかにすることが難しい光反応途中の分子の詳細な化学構造や性質を明らかにすることができる．プローブ光として最も一般的なものは紫外可視光（300〜800 nm）である．この波長の光は，電子励起状態間の遷移（たとえば $S_1 \rightarrow S_2$）を検出することになるため，過渡的電子状態の情報を得ることができる．また X 線を用いれば，内殻電子励起による吸収変化から原子の価数変化を知ることが可能となり，また回折パターンを観測すれば過渡的構造解析も可能となる [1.9]．ただし，テーブルトップ型の装置では測定に十分な X 線パルスが得られないため，放射光や X 線自由電子レーザーのような大型施設を用いる必要がある．これらの方法に比べプローブ光に中赤外光（400〜4000 cm^{-1}）を用いる時間分解赤外振動分光は，テーブルトップ型の装置で測定可能であり，また適用できる試料の多様さ，得られる情報量の豊富さから最も汎用性の高い時間分解測定法であるといえる．

1.4 時間分解赤外振動分光

赤外振動分光法は，化学の分野では古くから分子を同定する手段として使われてきた．また現在でも市販のフーリエ（Fourier）変換赤外分光光度計（FT–IR）は，大学や企業の多くの研究室にあり，分子の定性・定量分析の重要な手段となっている．またその測定法や解析法を記した成書 [1.10–12] も数多く出版されている．ポンプ・プローブ法のプローブ光に中赤外光を用いた時間分解赤外振動分光でも，このような定常状態の赤外分光法の特徴はそのままである．測定可能な試料は，FT–IR で測定できるような試料なら，気相，液相，固相など何でも測定可能である．また純粋に光による測定であるため非破壊的で，雰囲気の制御も可能である．とくに時間分解赤外分光では，後で述べるように，ポンプ光の有無による正味の変化を検出しているため，定常状態では測定困難な赤外吸収の強い溶媒や雰囲気中の試料でも測定可能である．

中赤外領域の振動スペクトルは幅の狭い多数のピークから構成さ

れているため，分子に関する豊富な情報が含まれている．またピークの線幅の狭さは，その波数や強度の微小な変化の検出を容易にしている．さらに，ポンプ光の有無で差分を取る時間分解赤外振動分光では，より微小なスペクトル変化が検出できる．これらの赤外振動ピークは分子振動準位間の遷移からなり，その波数と強度は，分子を構成する原子核の重さ，核間の結合の強さ，双極子モーメントの変化などによって決まる．そのため，分子の構造や電荷分布の変化に対してきわめて敏感である．このことを利用して，カルボニル（>CO）

コラム1

界面の分子の信号をとらえる振動和周波発生分光

表面における分子の振舞いを調べる手法として，振動和周波発生（vibrational sum frequency generation: VSFG）分光が大きく注目されている．VSFG 光は 2 次の非線形光学過程で発生するため，法線方向に反転対称性をもたない表面や界面の分子振動スペクトルを選択的に取得可能である．レーザー光を用いることで，固体表面だけでなく，光が透過，反射できれば埋もれた界面でも測定が可能であり，接着界面や電極界面，種々の液体表面も調べることが可能である．図は，ビール表面の VSFG スペクトルである．2926 cm^{-1} に矢印で示したピークは，ホップに含まれるイソフムロンのプレニル基に特徴的な振動であり，ビールの表面にホップ由来の成分分子が存在することがわかる．さらに VSFG 分光の解析からイソフムロンが泡の安定性に関与していることもわかった [1]．VSFG 分光はパルスレーザーを用いているため，高い時間分解能で界面における分子の振舞いを調べることも可能であり，触媒反応追跡や分子ダイナミクスの研究などにも活用されている [2]．

基のような特徴的な官能基の振動ピーク測定による分子内の局所的な電荷や結合の強さの検出が行われてきた．一方，1700 cm^{-1} 以下の波数領域は指紋領域とよばれ，分子固有の複雑なパターンを示すことから，既知の分子のスペクトルとの比較による分子の同定に利用されてきた．さらに現在は，Gaussian のような量子化学計算ソフトを用いた振動スペクトルシミュレーションとの比較により，分子全体の構造や電子密度および電荷分布なども求められるようになっている．

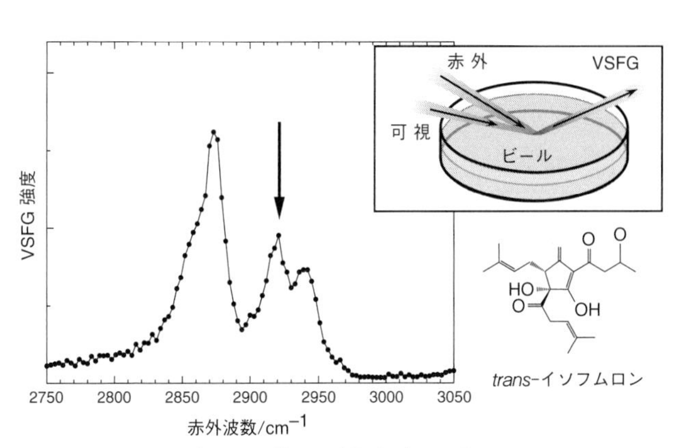

図　ビール表面の振動和周波発生（VSFG）スペクトル

[1] T. Miyamae, H. Kato, M. Kato: *Chem. Lett.*, **47**, 1139 (2018).
[2] M. Lackner, M. Hille, E. Hasselbrink: *J. Phys. Chem. Lett.*, **11**, 108 (2020).

（千葉大学大学院工学研究院　宮前孝行）

ポンプ・プローブ法を用いた時間分解赤外分光では，このような測定をピコ秒からミリ秒にわたり行うことが可能である．また同等のスペクトル情報が得られる高速掃引が可能な FT–IR を併用すれば，ミリ秒から数秒より長い時間帯の変化まで統一的に理解できる．そのため，時間分解赤外振動分光単独でも，図 1.1〜1.3 で示した分子内の動的過程，光物理，光化学過程についてかなりの情報を得ることができる．そこで本書では，このように汎用性が高い時間分解赤外振動分光法と，それによって分子の光励起過程がどのように観測，理解されるかを解説する．

第2章では，基底状態の赤外振動スペクトルについて，光励起状態の時間分解赤外スペクトルを理解するのに必要な知識をまとめる．第3章では，分子の光吸収と発光の原理，単一の電子励起状態のみを考慮に入れた場合の動的過程の理解と，それらが時間分解赤外スペクトルにどう反映されるかについて記述する．第4章では，複数の電子励起状態間に相互作用が存在する場合の扱いと，それによってひき起こされる現象と得られる時間分解赤外スペクトルについてまとめる．第5章では，電子励起状態において起こる分子構造や電子状態変化，すなわち光化学的過程の理解の仕方を時間分解赤外分光による観測例を使って紹介し，最後の第6章では，時間分解赤外分光装置の詳細と測定事例および解析法について紹介する．さらに，時間分解赤外分光に限らず，最先端の振動分光法の活用例をコラムのかたちで紹介する．

第2章

電子基底状態の赤外振動スペクトル

2.1 赤外スペクトルの実例

図 2.1 (a) は，市販の FT-IR 装置を用いて，ある化合物の粉末を臭化カリウム (KBr) 錠剤法により測定した赤外吸収スペクトルである．波数 500〜3700 $\mathrm{cm^{-1}}$ の間に，強度や形状の異なる多くの吸収ピークが観測されている．このような複雑なスペクトルをどのように解釈し，化合物を同定したらよいであろうか？　最も単純な方法は，既知の物質の赤外スペクトルと比較することである．現在，多く

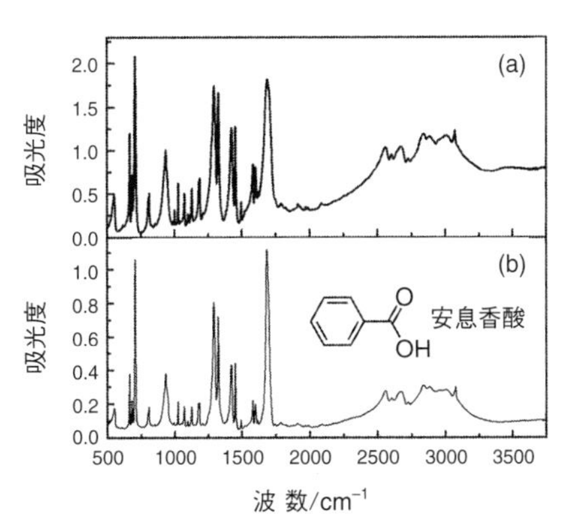

図 2.1　未知試料とデータベースのスペクトル比較による試料の同定
(a) 未知試料，(b) データベース.

表 2.1　赤外吸収スペクトルのデータベース

1. 有機化合物のスペクトルデータベース SDBS （http://sdbs.db.aist.go.jp/sdbs/） 国立研究開発法人 産業技術総合研究所
2. 堀口 博 著：『赤外吸収図説総覧』，三共出版（1993）
3. NIST Chemistry Webbook（http://webbook.nist.gov/chemistry/） National Institute of Standard and Technology, U. S. Department of Commerce
4. SpectraBase（https://spectrabase.com/） John Wiley & Sons
5. ChemSpider（http://www.chemspider.com/） Royal Society of Chemistry

の公的機関や民間企業から（無料，有料含めて）さまざまな物質の赤外分光データベースが公表されている．表 2.1 にそのうちいくつかを紹介する．図 2.1 (b) はこのうち NIST Chemistry Webbook から引用した安息香酸の KBr 錠剤法による赤外スペクトルである．実測のスペクトルと比較すると，そのパターンが細かいところまで一致している．このことから，測定試料は安息香酸（C_6H_5COOH）であることがわかる．図 2.1 のスペクトルのなかでは，とくに $1700\,\mathrm{cm}^{-1}$ 以下の指紋領域に多くのピークが存在している．この領域のスペクトルは，物質に依存して特徴的なパターンを示すことから物質を同定する際に有力な情報を与える．

2.2　二原子分子の振動

赤外振動スペクトルのもう少し厳密な取扱いを試みよう．一般的な分子において，中赤外光のエネルギー領域には分子振動遷移が多数存在している．赤外スペクトルは，このような遷移の一部を観測しているのである．最初に単純な二原子分子の分子振動を考える．

二原子分子を，2 つの質点をバネで結んだモデルで表す．このポテンシャルエネルギー U は 2 つの質点間の距離 x およびバネ定数 k を用いて

$$U = \frac{1}{2}kx^2 \tag{2.1}$$

と書ける．つまり原子核間距離に対して二次関数となっている．分子振動にこのモデルが成り立つ場合を調和振動子近似とよぶ．

一方，赤外領域で観測される吸収は振動量子準位間の遷移である．量子準位を求めるには，シュレーディンガー（Schrödinger）方程式を立てる必要がある．シュレーディンガー方程式を簡単にいうと，系の全エネルギーを運動エネルギー演算子とポテンシャルエネルギー演算子の和（ハミルトニアン）で表した運動方程式である．原子，分子の場合，運動エネルギー演算子は質量を除いて同じであるので，方程式を立てるには，ポテンシャルエネルギー演算子がどのようなかたちになるかを考えればよい．調和振動子の場合，ポテンシャルエネルギーが式(2.1) で書けるので，これをシュレーディンガー方程式のポテンシャルエネルギー演算子とすれば，固有エネルギーとして，

$$E_v = \left(v + \frac{1}{2}\right)\hbar\omega \qquad (v = 0, 1, 2, \cdots) \tag{2.2}$$

が得られる [2.1]．ここで v は振動の量子数であり整数の値をもつ．また $\hbar$ はプランク（Planck）定数 h（6.6×10^{-34} J s）を 2π で割った値（$\hbar = h/2\pi$），ω は角振動数である．この式は，調和振動子の振動が 1 つの角振動数 ω で特徴づけられることを示しており，また振動準位間（隣接する v の間）のエネルギーはすべて等しく $\hbar\omega$ となることも示している．なお光や分子を物理的に扱う際には，必要に応じて振動や波を表すさまざまな物理量が現れる．そこで表 2.2

表 2.2　振動や波を表す物理量と関係式

波　長 λ (nm) $= 10^7/\tilde{\nu}$
波　数 $\tilde{\nu}$ (cm^{-1}) $= 10^7/\lambda$
周波数 ν (s^{-1}) $= c\tilde{\nu} \cong 3 \times 10^{10} \times \tilde{\nu}$
角振動数 ω (rad s^{-1}) $= 2\pi \times \nu$
エネルギー E (J) $= h\nu = \hbar\omega = hc\tilde{\nu}$
c：光の速さ，h：プランク定数，$\hbar = h/2\pi$

に，これらを関係式とともにまとめた．

このような振動準位間の電磁波（電気双極子放射）による遷移，すなわち赤外遷移を考えてみる．詳細は第3章で述べるが，電磁波による量子状態間の遷移確率 P は，遷移モーメント $\vec{\mu}_{mn}$ の2乗に比例する．ここで，文字の上の矢印はベクトルを表す．また $\vec{\mu}_{mn}$ は，電磁波により分子内に誘起される双極子モーメント $\vec{M}$ と各状態の波動関数 ϕ_n，ϕ_m を用いて次のように表される（詳細は3.2節参照）．

$$P \propto |\vec{\mu}_{mn}|^2 = \left| \int \phi_m^* \vec{M} \phi_n \, \mathrm{d}\tau \right|^2 \tag{2.3}$$

ここで＊は複素共役を示し，積分は全空間での積分である．ここでは二原子分子を考えているため，ベクトル表示は一次元方向のみ考えればよい．その方向を x とすれば，

$$\int \phi_m^* M_x \phi_n \, \mathrm{d}x \tag{2.4}$$

の積分を見積もってゼロにならなければ遷移が起こる．次に誘起双極子モーメント M_x の結合の伸び縮みによる変化を，$x=0$ の周りでテイラー（Taylor）展開し，1次の項まで示せば

$$M_x = M_x^0 + \left(\frac{\mathrm{d}M_x}{\mathrm{d}x} \right)_{\mathrm{eq}} x \tag{2.5}$$

となる [2.2]．ここで M_x^0 は定数であり，eq は平衡核間距離での値であることを示す．この式(2.5) を式(2.4) へ代入すれば，

$$\int \phi_m^* M_x \phi_n \, \mathrm{dx} = \left(\frac{\mathrm{d}M_x}{\mathrm{d}x}\right)_{\mathrm{eq}} \int \phi_m^* x \phi_n \, \mathrm{d}x \tag{2.6}$$

が得られる．なお，調和振動子の波動関数 (固有関数) の直交性から定数 M_x^0 を含む項はゼロである．ここから振動遷移に関して 2 つの選択則が得られる．

第 1 の選択則は，振動量子数変化 Δv が 1 の場合のみ遷移が起こるというものである．式(2.6) の積分 $\int \phi_m^* x \phi_n \, \mathrm{d}x$ の ϕ_n，ϕ_m に調和振動子の固有関数を入れて計算すると，

$$\Delta v = m - n = \pm 1 \tag{2.7}$$

の場合に積分の値がゼロにならない [2.1, 2.2]．これは振動量子数が 1 だけ変化する場合のみ電磁波の吸収または放出が起こることを示している．すなわち調和振動子近似の下での赤外吸収スペクトルは，振動量子数が 1 つだけ増加する遷移のみを観測していることになる．表 2.3 に代表的な二原子分子の v=0 − v=1 間のエネルギー差を示す [2.3]．これらの値は，ほぼ一般的な赤外スペクトルの測定領域 400〜4000 cm^{-1} に入っているのがわかる．また軽い原子を含

表 2.3　おもな二原子分子の振動エネルギー [2.3]

分子（構造式）	振動波数/cm^{-1}	分子（構造式）	振動波数/cm^{-1}
H_2（H–H）	4401	OH（O–H）	3738
N_2（N≡N）	2359	CO（C≡O⇔C=O）	2170
O_2（O=O）	1580	NO（N=O）	1904
Cl_2（Cl–Cl）	560	HCl（H–Cl）	2991
Br_2（Br–Br）	325		

むほど振動数が大きくなるため高波数となっている．これは，調和振動子近似の下で角振動数 ω は，バネ定数と換算質量 μ を用いて

$$\omega = \sqrt{\frac{k}{\mu}} \tag{2.8}$$

と表されることから説明できる [2.2].

第2の選択則は，振動により誘起双極子モーメントが変化する場合のみ遷移が起こるというものである．これは式(2.6) の微分が値をもつ必要があるという要請からきている．

$$\frac{\mathrm{d}M_x}{\mathrm{d}x} \neq 0 \tag{2.9}$$

二原子分子においてこのような条件を満たすためには，異核二原子分子である必要がある．つまり N_2，O_2 のような等核二原子分子では赤外吸収は起こらず，CO，NO，HCl のような異核二原子分子でのみ赤外吸収が起こる．

最後に室温における振動の熱励起についても考えておく．エネルギー差が ΔE である2つの量子準位間の占有数比（N_2/N_1）は，系が熱平衡にある場合，次のボルツマン（Boltzmann）分布の式により表される [2.4].

$$\frac{N_2}{N_1} = \exp\left(-\frac{\Delta E}{k_{\mathrm{B}}T}\right) \tag{2.10}$$

ここで k_{B} はボルツマン定数であり，各準位の縮退は無視している．この式を用いて 300 K（27℃）における，500 cm^{-1} のエネルギーをもつ振動励起準位と振動基底準位の間の占有比率を計算すると 9%となる．また 1000 cm^{-1} の振動準位では 0.8%となる．このことは赤外吸収測定で観測されるスペクトルは，おもに振動基底状態（$v=0$）

から第一励起状態（$v=1$）への遷移とみなすことができることを示している．ただし，低波数では振動励起状態からの遷移も多少観測される可能性がある．

2.3 多原子分子の振動，基準振動

より一般的に N 個の原子からなる多原子分子の場合はどうであろうか？　二原子分子と同様に質点とバネのモデルを立てても多体問題となるため，その振動運動を厳密に解くことはできない．そこで，すべての振動の振幅が十分に小さいと見なすことにより，N 個の原子の振動を $3N-6$ 個（直線分子の場合 $3N-5$ 個）の単振動（調和振動子）の運動に分離する．これを微小振動近似とよぶ [2.5, 2.6]．そうすれば各単振動の固有値と固有関数は，二原子分子の場合と同じ取扱いで求めることができる．言い換えると N 原子分子の振動は，$3N-6$（$3N-5$）個の独立した二原子分子の振動であると考えればよい．このような分離した各単振動を基準振動（ノーマルモード）とよぶ [2.7, 2.8]．ただし，これらの振動が調和振動子として表されるのは，解析力学で用いられる一般化座標上のことであり，実空間では後述のように複雑な運動となる．

この近似の下で多原子分子の赤外スペクトルに現れる多くの吸収ピークは，各基準振動の $v=0 \rightarrow v=1$ の遷移が観測されていると見なすことができる．つまり各吸収ピークは，分子のどれかの基準振動に帰属することができる．具体的な例として，三原子分子である水（H_2O）の基準振動を模式的に図 2.2 に示す [2.8]．ここで 2 原子間の距離が大きく伸び縮みする 2 つの振動 $3657\,\mathrm{cm}^{-1}$，$3756\,\mathrm{cm}^{-1}$ は，該当する二原子分子（OH）の振動（$3738\,\mathrm{cm}^{-1}$，表 2.3）に近い波数をもち伸縮振動とよばれる．さらにその運動のかたちから前

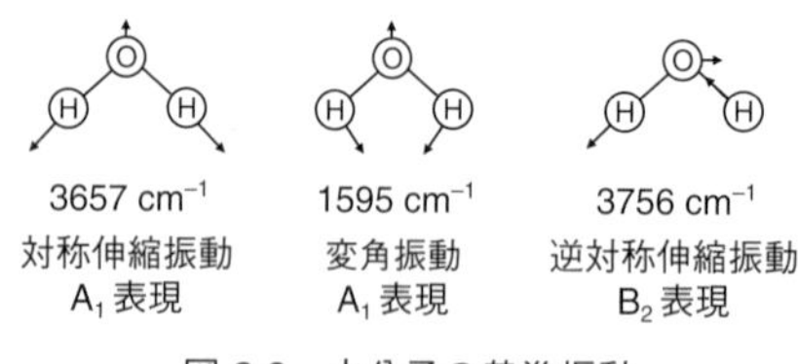

図 2.2　水分子の基準振動

者を対称伸縮振動，後者を逆対称伸縮振動とよぶ．一方，2つの結合の角度が大きく変化する $1595\,\mathrm{cm}^{-1}$ の振動は変角振動とよばれ，伸縮振動より低波数に観測される．

さらにこの場合もすべての基準振動が赤外光を吸収するわけではない．まず基準振動のポテンシャルは，（一般化座標上では）二原子分子と同じ二次関数として表されるため，第1の選択則（式(2.7)）はそのまま成り立つ．一方，第2の選択則に関しては，基準振動が（実空間では）多くの原子の動きから構成されているために，双極子モーメントの変化を直感的に判断するのは難しい．このような場合，分子の対称性から群論によって遷移モーメントの式(2.3) の積分が値をもつかどうかを判断する方法が用いられる [1.10, 2.9–11]．最初に分子の属する点群を求め，各基準振動の属する表現 Γ_{n} を，各原子の動きから指標表を用いて求める．調和振動子の第一励起状態（$v=1$）の固有関数の対称性から，該当の基準振動における分子全体の振動波動関数の表現もこれと同じになる [2.10, 2.11]．赤外吸収（電気双極子遷移）の選択則は，式(2.4) に従い振動基底状態の表現 Γ_0 と誘起双極子モーメントの表現 Γ_{q} を用いて次のように書ける．

$$\Gamma_0 \otimes \Gamma_{\mathrm{q}} \otimes \Gamma_{\mathrm{n}} = \text{全対称} \tag{2.11}$$

ここで $\otimes$ は直積を表す．振動基底状態の表現は，振動固有関数の対称性から常に全対称となるから [2.10, 2.11]，この式は Γ_q と Γ_n が同じ表現に属していれば満たされる．さらに Γ_q は電磁波が横波であることを考えると，三次元直交座標系の $\boldsymbol{x}$ または $\boldsymbol{y}$ または $\boldsymbol{z}$ ベクトルと同じである．そのため，基準振動の表現がこれらのどれかと同じであれば赤外遷移が可能，すなわち赤外活性となる．例として水分子の場合を考えてみよう．対称性は $\mathrm{C_{2v}}$ 点群に属しており，その指標表から対称伸縮振動と変角振動が $\mathrm{A_1}$ 表現，逆対称伸縮振動が $\mathrm{B_2}$ 表現となる（図 2.2）．一方，$\mathrm{C_{2v}}$ 点群における $\boldsymbol{z}$ ベクトルは $\mathrm{A_1}$ 表現，$\boldsymbol{y}$ ベクトルは $\mathrm{B_2}$ 表現であるから，これら 3 つの振動はすべて赤外活性となる．

2.4　グループ振動

上でも述べたように，基準振動の運動は，解析力学で用いられる一般化座標で表すと単純な一次元の調和振動子となるが [2.6]，実空間（直交座標）で示すと複雑な運動になる場合が多い．一例として図 2.3 (a) に安息香酸の $1090\,\mathrm{cm^{-1}}$ 付近にある基準振動の原子の動きを示す．このように 1 つの基準振動は多くの原子の動きから成り立つため，直感的に振動をイメージすることは難しい．さらに実際に $3N-6$ 個の基準振動すべてを，観測された赤外振動スペクトルに対応させることも容易ではない．そこで分子の中の特徴的な原子団の振動を，独立した振動と見なして帰属を行うこともある．これをグループ振動とよぶ．これが可能なのは，基準振動のうち比較的高波数にある振動モードが他の多くの基準振動に比べてエネルギー的に独立しており，また特定の結合あるいは原子団に局在した振動モードであることが多いためである．たとえば図 2.3 (b) に示した安息香酸の $1766\,\mathrm{cm^{-1}}$ の基準振動モードは，カルボキシ基（–COOH）

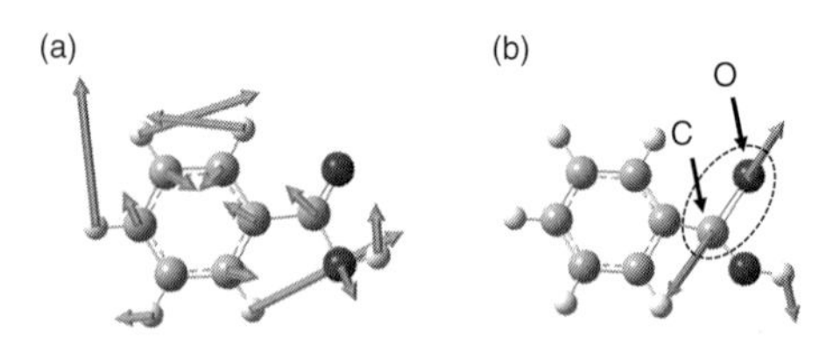

図 2.3　安息香酸の基準振動の例
(a) 1090 cm^{-1}，(b) 1766 cm^{-1}.

表 2.4　おもなグループ振動の波数

グループ振動	波数範囲/cm^{-1}
アルコール OH 伸縮	3600〜3700
アミン NH 伸縮	3300〜3500
芳香環 CH 伸縮	3000〜3100
アルカン CH 伸縮	2850〜2970
アルキン CC 伸縮	2100〜2260
ニトリル CN 伸縮	2220〜2260
ケトン CO 伸縮	1705〜1735
カルボン酸単量体 CO 伸縮	1760 付近
カルボン酸二量体 CO 伸縮	1680〜1725

のほぼ点線で囲った CO 伸縮振動に局在している．カルボキシ基の CO 伸縮振動は，他の分子においても同様の波数に強い吸収として現れるため，このようなピークの存在は，分子にカルボキシ基が存在している可能性を示す．このほかのおもなグループ振動のリストを表 2.4 にまとめる [2.12]．またグループ振動の波数は，多くの機器分析の本 [2.13] にも載っており，それらを参照することにより分子にどのような結合や原子団が含まれているか推定することができる．

2.5　量子化学計算による基準振動解析

それでは，得られたスペクトルのすべてのピークを基準振動に帰属することはできないであろうか？　比較的原子数の少ない原子では，原子核の質量，力の定数などから基準振動を計算することが可能である．しかし最近は，実際に得られたスペクトルの帰属にこのような計算があまり使われていないため，その詳細については振動分光学の教科書 [2.7, 2.8] に譲る．その代わり，現在は Gaussian などの量子化学計算パッケージを用いた基準振動解析がおもに行われている．量子化学計算では，最適化構造とともに最適化構造付近のポテンシャルの情報も得られる．ここから調和振動子近似による基準振動モードを計算することができる．さらにポテンシャルに沿った双極子モーメントの変化から赤外吸収強度の計算も可能である．その詳細については，量子化学計算の教科書 [2.14, 2.15] を参照され

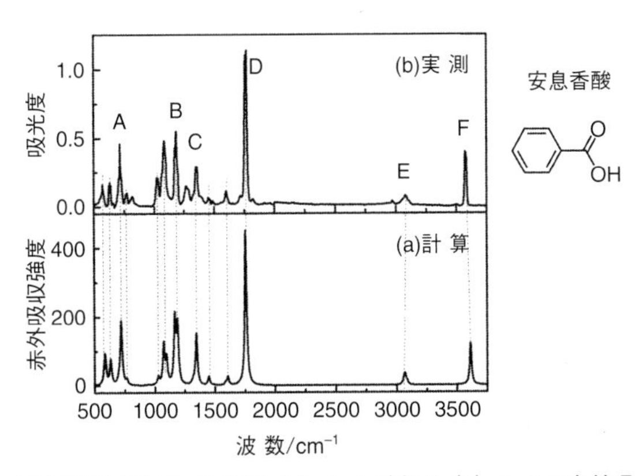

図 2.4　安息香酸（気相）の計算（a）および実測（b）による赤外吸収スペクトル

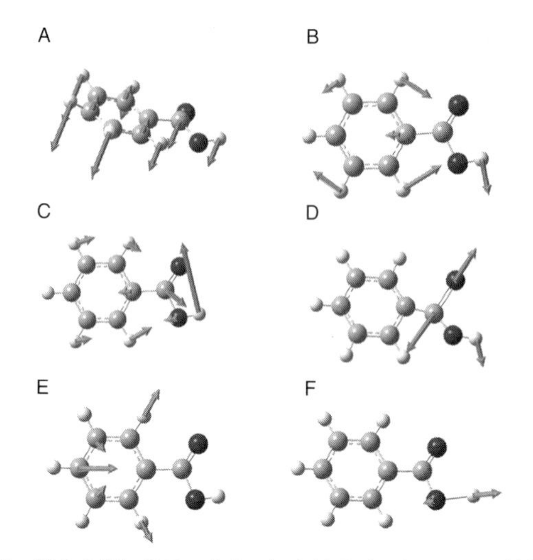

図 2.5　図 2.4 (b) のスペクトルにおけるピーク A〜F に対応する基準振動

たい．一例として Gaussian 16 [2.16] を用いて求めた孤立状態の安息香酸の赤外振動スペクトルを図 2.4 (a) に示す．このスペクトルは，図 2.4 (b) の安息香酸の気相における実測スペクトル（NIST Chemistry Webbook から引用）とピーク間の強度比も含めて良い一致を示していることがわかる．さらにこれらの比較から，実測の振動ピークを基準振動に帰属することが可能である．図 2.5 にそのいくつかの例を示す．このように最近では，一般的な分子の電子基底状態であれば分子構造最適化およびそれに基づく基準振動解析が可能となっており，赤外振動スペクトル解析の標準的な手法となっている．

2.6　振動ポテンシャルの非調和性とモースポテンシャル

ここまでは分子振動を調和振動子，すなわち振動ポテンシャルが式(2.1) のように二次関数で表されるとして説明してきた．しかしこれはあくまで近似的なモデルであり，実際の分子の振動ポテンシャルを二次関数で表すことはできない．これは原子核どうしの距離を近づけていくと強い反発を生じるようになり，逆に離していくといつか結合が切れてしまうからである．図 2.6 は，このような実際の分子の振舞いに近いポテンシャルを後述のモース（Morse）関数（実線）で表したものと，調和振動子のポテンシャルである二次関数（破線）をポテンシャルの底を揃えて比較したものである．この場合，振動準位間のエネルギーは，調和振動子の場合に比べて低エネルギーにシフトする．このような分子振動の調和振動子近似からのずれを振動の非調和性とよぶ．

このことは，量子化学計算による基準振動解析の際にも問題になる．調和振動子を仮定して得られた基準振動のエネルギーに比べ，一

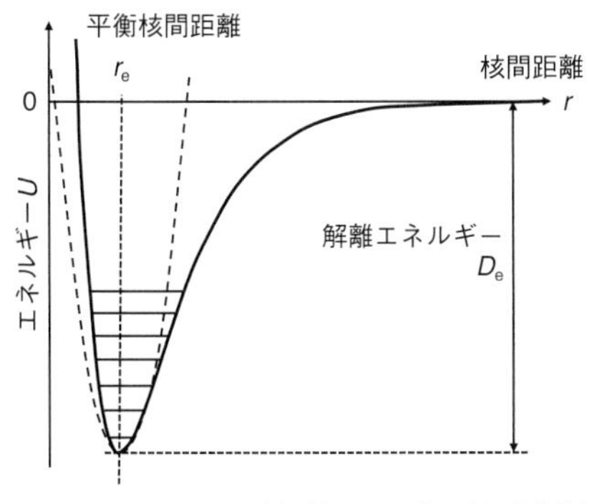

図 2.6　モース関数（実線）と二次関数（破線）

般に実測の振動エネルギーは数パーセント小さくなっている．そのため，スペクトルを合わせるためにはスケーリングファクター（f）とよばれる数値を，得られた波数に掛けて実測スペクトルに合わせることが行われる [2.14]．ただし厳密には結合ごとにポテンシャル形状は異なるため，スケーリングファクターも各振動モードで異なるはずである．実際に振動モードごとの非調和性は，最新の Gaussian ソフトで計算することが可能であるが，計算処理の負担が非常に大きい．一方で，小分子において実測値と計算値を幅広い波数で比較した研究では，計算値が高波数ほど大きめに出る傾向が得られている [2.17]．そこで，前述の図 2.4 では，計算により得られた振動波数 $\tilde{\nu}$ に，下記の一次関数で表されるスケーリングファクターを掛けている．

$$f(\tilde{\nu}) = 0.989\,76 - 0.000\,008\,5\tilde{\nu} \tag{2.12}$$

これにより振動モードにかかわらず，実測によく一致するスペクトルが得られている．

より定量的に非調和性を理解するために，近似的なポテンシャル関数として式(2.13) のモース関数がしばしば使われる [2.2, 2.18]．

$$U(r) = D_\mathrm{e}(\mathrm{e}^{-2\beta(r-r_\mathrm{e})} - 2\,\mathrm{e}^{-\beta(r-r_\mathrm{e})})^2 \tag{2.13}$$

$$D_\mathrm{e} = \frac{\omega_\mathrm{e}^2}{4\omega_\mathrm{e}x_\mathrm{e}}, \qquad \beta = \omega_\mathrm{e}\left(\frac{2\pi^2 c\mu}{D_\mathrm{e}h}\right)^{1/2}$$

ここで，r_e は平衡核間距離，D_e は解離エネルギー，ω_e，$\omega_\mathrm{e}x_\mathrm{e}$ は比例定数（これらの定数は習慣的にこのように書かれるが，角振動数の ω とは異なる），μ は換算質量，c は光の速さ，h はプランク定数である．なおここでは実験と合わせやすいようにエネルギーを波数単位（cm^{-1}）で表している．また図 2.6 の実線は，この式をプロットしたものである．調和振動子のポテンシャルと比較して，r が短いところで急激に立ち上がり，長いところでゼロに漸近しているのが特徴である．

このポテンシャル関数を用いたシュレーディンガー方程式は解析的に解くことができ [2.19]，その固有値，すなわち振動エネルギー準位は，

$$\frac{E_v}{hc} = \omega_\mathrm{e}\left(v + \frac{1}{2}\right) - \omega_\mathrm{e}x_\mathrm{e}\left(v + \frac{1}{2}\right)^2 \tag{2.14}$$

と書ける．E_v/hc は，波数（cm^{-1}）単位のエネルギーを表している（表 2.2 参照）．調和振動子の式(2.2) との違いは，振動量子数の 2 乗に比例する項が新たに付け加えられていることである．言い換えると振動エネルギーをべき級数展開したときの 2 次の項までを考慮したかたちになっている．この式によれば，振動基底状態からの振動遷移 $v=0 \to v=1$ のエネルギーが調和振動子近似に比べ $2\omega_\mathrm{e}x_\mathrm{e}$ だけ小さくなっていることがわかる．

では，この非調和性を表す定数（非調和定数）$\omega_\mathrm{e}x_\mathrm{e}$ の値を求めるにはどうしたらよいであろうか？　実験的には，$v=1 \to v=2$ への振動遷移（ホットバンドとよばれる）のエネルギーがわかれば式(2.14) から計算できる．そのためには高温分子の測定，電子励起状

表 2.5　おもな二原子分子の非調和定数 $\omega_\mathrm{e}x_\mathrm{e}$ の値 [2.3]

分　子	$\omega_\mathrm{e}x_\mathrm{e}/\mathrm{cm}^{-1}$	分　子	$\omega_\mathrm{e}x_\mathrm{e}/\mathrm{cm}^{-1}$
H_2	121.3	OH	84.9
N_2	14.3	CO	13.3
O_2	12.0	NO	14.1
Cl_2	2.7	HCl	52.8
Br_2	1.1		

態からの発光スペクトル測定，2つの中赤外パルスを用いた赤外スペクトル測定 [2.20] などを行えばよい．いくつかの二原子分子の電子基底状態における非調和定数 $\omega_{\mathrm{e}}x_{\mathrm{e}}$ の値を表 2.5 にまとめる．さらに $\omega_{\mathrm{e}}x_{\mathrm{e}}$ が求まれば，式(2.13) により，その解離エネルギー D_{e} を近似的に見積もることもできる．

2.7　非調和結合，フェルミ共鳴

もう一つの調和振動子近似からのずれとして，複数の調和振動子ポテンシャル間の結合（非調和結合）を考えることもできる．このような理想的な系からの微小なずれを物理的に取り扱うためには，摂動論が一般的に用いられる．量子力学的な（縮退のない）一次摂動の固有値 E_n，固有関数 ϕ_n は，摂動が掛かっていない状態（ゼロ次）の固有値 E_n^0，固有関数 ϕ_n^0，および微小変化の演算子 H'（摂動項とよばれる）を用いて，

$$E_n = E_n^0 + \int \phi_n^{0*} H' \phi_n^0 \,\mathrm{d}\tau \tag{2.15}$$

$$\phi_n = \phi_n^0 + \sum_{i \neq n} \frac{\int \phi_i^{0*} H' \phi_n^0 \,\mathrm{d}\tau}{E_n^0 - E_i^0} \phi_i^0 \tag{2.16}$$

と書ける [2.1]．非調和結合を考える場合，ゼロ次の固有値，固有関数には，調和振動子の固有値，固有関数を用いる．一方，摂動項としては，調和振動子のハミルトニアンからの微小なずれを考える必要がある．ここでも，ずれを考える必要があるのはポテンシャルエネルギーの項だけである．ここでエネルギーを波数単位，座標を無次元化して表し，調和振動子のポテンシャルエネルギー（U/hc）を

核の変位（q）が微小であるとして展開すると，

$$\frac{U}{hc} = \frac{1}{2}\sum_{s}\omega_s q_s^2 + \sum_{s}\sum_{\leq s'}\sum_{\leq s''} k_{s,s',s''} q_s q_{s'} q_{s''} + \sum_{s}\sum_{\leq s'}\sum_{\leq s''}\sum_{\leq s'''} k_{s,s',s'',s'''} q_s q_{s'} q_{s''} q_{s'''} + \cdots \quad (2.17)$$

と書ける [2.2, 2.21]．添え字の s は個々の基準振動を表し，ω は基準振動数（波数単位），k は非調和定数（波数単位）である．また和の記号は分子中のすべての基準振動（非直線分子の場合 $3N-6$）の和をとることを示している．

この式(2.17) では，3 つの核の変位 q の積に比例する項，言い換えると 3 つの基準振動（同一なものも含む）が関与する項が最低次の摂動項となっている．また摂動論の式(2.16) から，調和振動子近似の振動固有エネルギーの差が小さく，振動固有関数を非調和結合の演算子で挟んだ積分が大きな場合に，大きな非調和結合が観測されることがわかる．このような具体例として考えられるのは，ある基準振動 ν_1 の基音（$v=0 \to v=1$）と別の基準振動 ν_2 の倍音（$v=0 \to v=2$）の振動エネルギーが一致し，さらに波動関数の対称性が同じ場合である．これは，式(2.17) の展開項のうち下記のものに対応する．

$$H' = k_{1,2,2} q_1 q_2^2 \quad (2.18)$$

このような非調和結合をフェルミ（Fermi）共鳴とよぶ．

ここで，フェルミ共鳴のエネルギーを見積もってみよう [2.22–24]．ここで無摂動の波動関数を ϕ_1^0，ϕ_2^0 とし，エネルギーを E_1^0，E_2^0 とする．なお，それぞれ後者は倍音の波動関数，エネルギーとする．また，全ハミルトニアン H は，無摂動のハミルトニアン H^0 と摂動項

H' を用いて

$$H = H^0 + H' \tag{2.19}$$

と表せる．これらを用いると，摂動を受けた後の固有関数 ϕ_1，ϕ_2 は，無摂動の波動関数の線形結合で表されるので，係数 a_1，a_2 を用いて

$$\phi_1 = a_1\phi_1^0 - a_2\phi_2^0 \tag{2.20}$$

$$\phi_2 = a_2\phi_1^0 + a_1\phi_2^0 \tag{2.21}$$

となる．また，摂動を受けた後のエネルギー E_1，E_2 は，式 (2.20)，(2.21) と (2.19) を用いて，

$$E_1 = \int \phi_1^* H \phi_1 \, \mathrm{d}\tau = {a_1}^2 E_1^0 + {a_2}^2 E_2^0 - 2a_1 a_2 V_{12} \tag{2.22}$$

$$E_2 = \int \phi_2^* H \phi_2 \, \mathrm{d}\tau = {a_2}^2 E_1^0 + {a_1}^2 E_2^0 + 2a_1 a_2 V_{12} \tag{2.23}$$

と書ける．ここで V_{12} は，

$$V_{12} = \int \phi_1^{0*} H' \phi_2^0 \, \mathrm{d}\tau \tag{2.24}$$

である．さらに ϕ_1，ϕ_2 の規格直交条件から

$${a_1}^2 + {a_2}^2 = 1 \tag{2.25}$$

$$\int \phi_1^* H \phi_2 \, \mathrm{d}\tau = a_1 a_2 (E_1^0 - E_2^0) + ({a_1}^2 - {a_2}^2) V_{12} = 0 \tag{2.26}$$

という関係式も得られる．さらに a_1 と a_2 を実数として，式(2.22)～(2.26) から a_1 と a_2 を消去すれば，フェルミ共鳴のエネルギーと

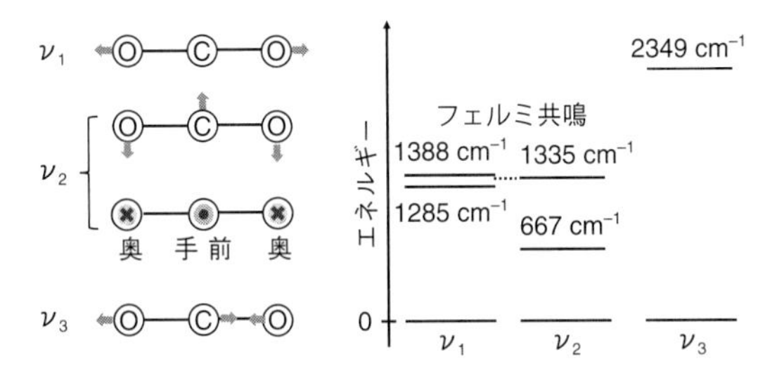

図 2.7 CO_2 分子の基準振動と実測されたエネルギー準位
フェルミ共鳴により ν_1 モードの準位が 2 本に分裂している．

して下の 2 つが得られる．

$$E_1 = \frac{E_1^0 + E_2^0}{2} + \frac{\sqrt{(E_1^0 - E_2^0)^2 + 4{V_{12}}^2}}{2} \tag{2.27}$$

$$E_2 = \frac{E_1^0 + E_2^0}{2} - \frac{\sqrt{(E_1^0 - E_2^0)^2 + 4{V_{12}}^2}}{2} \tag{2.28}$$

フェルミ共鳴のよく知られた例は，Fermi 自身によって取り上げられた CO_2 の振動である [2.24]．CO_2 分子は直線分子であるため，図 2.7 に示すように 4 個の基準振動をもつ．このうち ν_2 は縮退している．赤外スペクトルおよびラマン（Raman）スペクトル（本書で詳細は触れないが，散乱光の波長が振動遷移のエネルギー分変化する現象を利用した振動分光法 [1.11, 2.7, 2.8]）から，ν_2，ν_3 については，それぞれ $667\,\mathrm{cm}^{-1}$，$2349\,\mathrm{cm}^{-1}$ に吸収ピークが 1 本ずつ存在するが，ν_1 のみ近接して $1285\,\mathrm{cm}^{-1}$，$1388\,\mathrm{cm}^{-1}$ の 2 本存在していることが判明している．これは ν_2 の倍音（$v=2$，$1335\,\mathrm{cm}^{-1}$）と ν_1 の基音（$v=1$）のエネルギーが接近し縮退状態となるため，これらの間にフェルミ共鳴が起こり見かけ上 ν_1 の基音が分裂して観測されると理解される．

コラム2

生細胞を染めずに観る～振動分光学的イメージング～

色素や蛍光タンパク質などを導入せず，生細胞・生体組織のありのままを高速に可視化するイメージング手法として，非線形ラマン散乱を用いた方法が急速に発展している．このうち coherent anti-Stokes Raman scattering（CARS）顕微鏡は，現在広く用いられている代表的手法の一つである．通常の CARS 顕微鏡では 2 つの波長のレーザー光源を用いて，特定の振動モードを狙い撃ちしたイメージングを行う．これに対して近年，振動分光とイメージングとを組み合わせた "振動分光学的イメージング" が普及しつつある [1]．本手法を用いることで，分子の指紋を与えるラマンスペクトルを手がかりとしながら，細胞や生体組織内の複数の分子情報を一度に取得することができる．一例として，HeLa 細胞の空間平均 CARS スペクトル（ラマンスペクトルに相当する $\mathrm{Im}[\chi^{(3)}]$ スペクトル）を図（a）に示す [2]．このスペクトル情報をもとに，おのおのの振動バンドにおける CARS イメージを再構成した結果を図(b)に示してある．このように，分子指紋を用いて細胞内のマイクロスコピックな構造をラベルフリーで可視化することが可能である．

[1] J. X. Cheng, X. S. Xie: *Science*, **350**, aaa8870 (2015).
[2] H. Yoneyama, K. Sudo, P. Leproux, V. Couderc, A. Inoko, H. Kano: *APL Photonics*, **3**, 092408 (2018).

（九州大学理学研究院　加納英明）

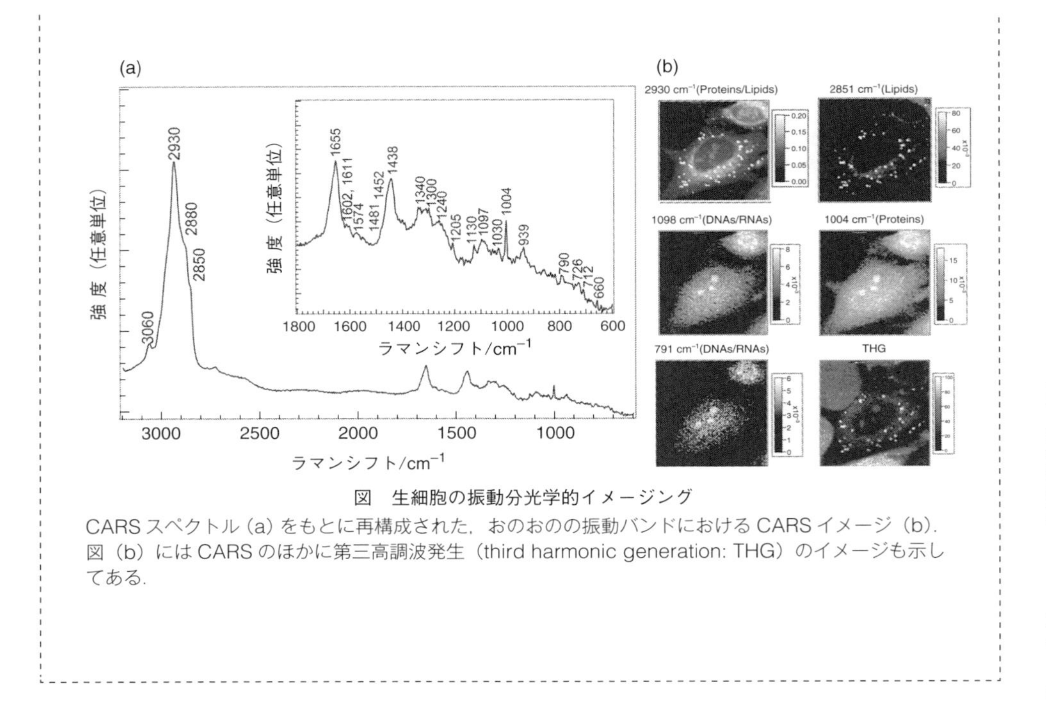

図　生細胞の振動分光学的イメージング

CARSスペクトル (a) をもとに再構成された，おのおのの振動バンドにおける CARS イメージ (b)．図 (b) には CARS のほかに第三高調波発生（third harmonic generation: THG）のイメージも示してある．

2.8 赤外振動スペクトルと量子化学計算による分子構造の決定

ここまで見てきたように，振動ポテンシャルの非調和性まで考慮に入れれば，得られた赤外振動スペクトルを詳細に理解することができる．さらに量子化学計算によるスペクトルシミュレーションを用いれば，基準振動解析だけでなく分子構造を得ることも可能であ

コラム3

時間分解赤外分光計測によるロドプシン内部の水分子の追跡

ロドプシンはわれわれの視覚ではたらく光受容タンパク質である．また，微生物にも類似タンパク質が存在している．両者ともレチナール分子を結合しており，光異性化反応により情報伝達やイオン輸送などの機能を果たしている．最近では，ロドプシンを動物の脳などの神経細胞に導入して，光で行動を制御するオプトジェネティクスとよばれる技術が開発され，生命科学の最前線で活躍している [1]．その一方で，レチナール分子のたった1つの二重結合の異性化がいろいろな機能発現を生み出していくメカニズムについては，さまざまな物理化学的な計測が行われるなかで解明が進められている状況である．最近，理化学研究所の X 線自由電子レーザー SACLA により，レチナールの光異性化後にタンパク質の構造がどのように変化していくのかが，分子動画として解明されるという快挙もあった．

筆者らは，赤外線が水分子によって吸収されやすいという特性を生かして，このロドプシン内部での水分子の OH 伸縮振動の変化を時間分解赤外分光計測で追跡するという研究を行っている（図）[2]．光異性化によって変化するタンパク質分子だけでなく，内部の水分子もロドプシンの機能に重要な役割を果たしていると考えられ，その情報を与える赤外分光法の活躍が期待されているところである．

る．量子化学計算では，計算手法やそこで使われる基底関数，汎関数，溶媒効果など多くの条件を選択しなければならない．これらの条件の決定は経験に基づくことが多い．このようなとき，複雑なパターンをもち，分子構造や電荷分布にきわめて敏感な赤外振動スペクトルとの比較を行えば，最も適した計算条件を見出すことができる．そこでさまざまな条件においてスペクトル計算を行い，実測の

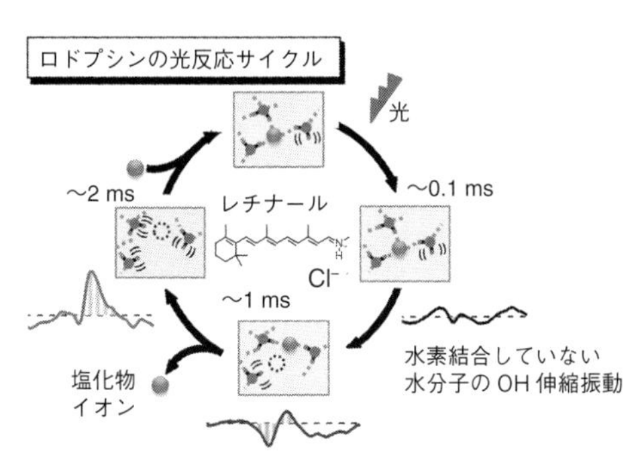

図　ロドプシンの光反応サイクルと時間分解赤外スペクトル

水素結合していない水分子の OH 基を二重括弧で示す．赤外スペクトルの正のバンドが，塩化物イオンが放出される～2 ms で増大することから，タンパク質内で水素結合していない水分子が増えることがわかった。

[1] H. Yawo, H. Kandori, A. Koizumi, Eds.: "Optogenetics", Springer (2015).
[2] Y. Furutani, *et al.*: *J. Phys. Chem. Lett.*, **3**, 2964 (2012).

（名古屋工業大学大学院工学研究科　古谷祐詞）

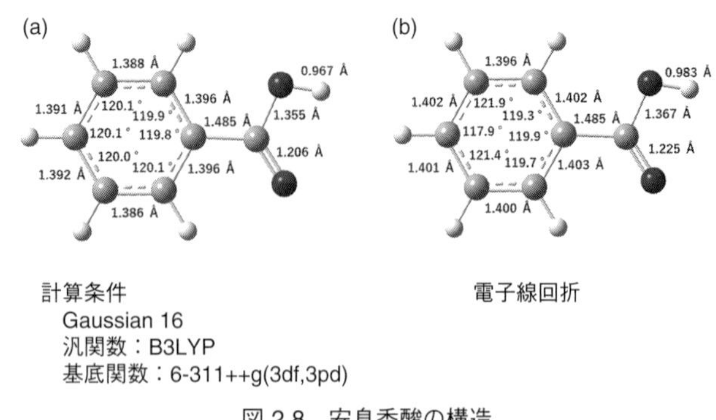

図 2.8　安息香酸の構造
（a）赤外振動スペクトルを再現する最適化構造，
（b）電子線回折により得られた構造 [2.25].

スペクトルと最も一致する条件を見出せば，それにより得られた最適化構造は実際の構造をよく再現していると見なすことができる．一例として，この章で扱った気相の安息香酸において，赤外振動スペクトルを最も再現する計算条件により得られた分子構造を図 2.8 に示す．また比較のため気相の電子線回折実験により得られた分子構造 [2.25] も示す．おおむね 3 桁程度の精度で一致していることがわかる．このような分子構造の決定手段は，X 線構造解析や NMR など多くの構造解析手段がある電子基底状態とは異なり，精度の高い量子化学計算が行えず，汎用的な構造解析手段のない電子励起状態の分子構造解析においては有力な手段となりうる．

第3章

電子励起状態の赤外振動スペクトル

3.1　光励起初期状態

一般的な分子の電子励起状態は 2.0 eV（$1.6 \times 10^4\ \mathrm{cm}^{-1}$）以上のエネルギー領域にある．そのため電子励起には紫外光や可視光が必要となる．光励起によって生成する状態は，熱励起によるものとは大きく異なる．熱による励起では，いかなる高温でもボルツマン分布の式に従って各量子準位への分布が基底状態から順に減少していく．一方，光励起直後は，ある限られた励起量子準位のみ分布する．このような状態は熱的非平衡状態にあり，熱平衡状態を仮定した熱力学の法則，さらには熱平衡を仮定した多くの法則は成り立たない．そのため温度も定義できない．図 3.1 にこの違いを模式的に示す．ここではこのような光励起の初期過程がどのようなものか，さらに

熱平衡状態，
ボルツマン分布

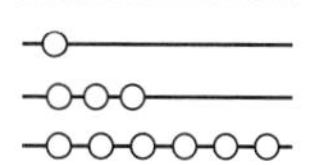

光励起初期状態，
熱的非平衡状態

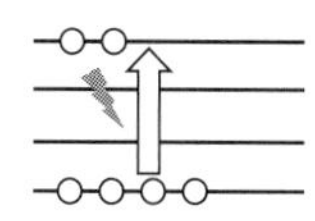

- 熱力学的法則が適用可能
- 温度が定義できる

- 熱力学的考え方が使えない
- 温度が定義できない

図 3.1　熱平衡状態と光励起初期状態

それらが赤外スペクトルではどのように観測されるかについて解説する．

3.2 分子の光吸収と時間を含む摂動論

まず分子の光吸収について理論的に取り扱おう．光は電磁波であるから，光励起過程は電磁波と分子の相互作用を考えればよい．この相互作用を扱う方法としては，電磁場を古典論，分子を量子論的に取り扱う半古典論が比較的容易である．さらに通常の光強度における電場強度（$10^2\,\mathrm{V\,cm^{-1}}$ 程度）は，分子内の電場強度（$10^9\,\mathrm{V\,cm^{-1}}$ 程度）に比べ十分弱いため，光電場を摂動論的に扱うことができる．ただし，光吸収は動的過程であるため，2.7 節で用いた定常状態の摂動論ではなく，「時間を含む摂動論」を用いる必要がある．

時間を含む摂動論でも，無摂動の状態として定常状態の固有関数 ϕ_i，固有値 E_i を考える．ここで便宜的に $t \to -\infty$ で無摂動状態，$t \to 0$ で微少量 λ となる関数 $\lambda(t)$ を導入し，摂動項を $\lambda(t)H'$ と記述する．さらに摂動が掛かった後の波動関数 ψ が無摂動の固有関数の和として表されるとする．

$$\psi = \sum_i a_i(t)\phi_i\, \mathrm{e}^{-iE_i t/\hbar} \tag{3.1}$$

ここで，$a_i(t)$ は時間に依存する係数である．これらを時間に依存するシュレーディンガー方程式に代入して整理すれば（章末の Appendix 参照），各固有関数に掛かる係数の時間依存は

$$\frac{\mathrm{d}}{\mathrm{d}t}a_i(t) = \frac{1}{i\hbar}\sum_i a_i(t)\langle k|\lambda(t)H'|i\rangle\, \mathrm{e}^{i(E_k - E_i)t/\hbar} \tag{3.2}$$

と書ける．なおここでは積分に関する表記法として，以下のディラッ

ク（Dirac）の記法を用いた．

$$\langle k|\lambda(t)H'|i\rangle = \int \phi_k^* \lambda(t) H' \phi_i \, \mathrm{d}\tau \tag{3.3}$$

さらに微少量 λ をべき級数展開し，その 1 次の項のみを用いて波動関数およびエネルギーを求めると

$$\psi = \mathrm{e}^{-i(E_n + \langle n|H'|n\rangle)t/\hbar}\phi_n + \sum_{i\neq n} \langle i|H'|n\rangle \frac{\mathrm{e}^{-iE_n t/\hbar}}{E_n - E_i}\phi_i \tag{3.4}$$

$$E = E_n + \langle n|H'|n\rangle \tag{3.5}$$

となる（Appendix 参照）．ここで E_n，ϕ_n は $t \to -\infty$ でのエネルギー，波動関数を示している．この式(3.4) は，時間とともに初期状態 n の固有関数に，別の固有関数 ϕ_i（$i \neq n$）が混ざってくることを示している．さらにその混ざる割合は，摂動項を挟んだ固有関数間の積分 $\langle i|H'|n\rangle$ に比例し，固有エネルギーの差 $E_n - E_i$ に反比例する．多くの光励起過程は，量子状態間の時間依存する遷移によって記述される．そのためこれらの式は，光励起過程を理解するうえで最も基本的な式である．

分子の光吸収を計算するために，電磁波を x 軸方向に正弦波で振

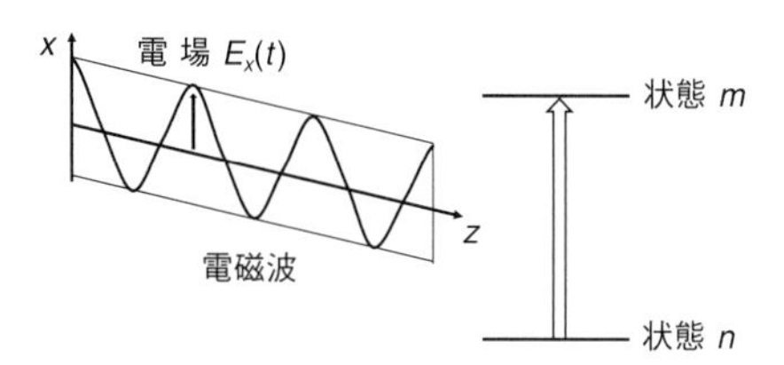

図 3.2 光吸収のモデル
2 つの量子状態 n, m 間の電磁波による遷移．

動する電場 $E_x(t)$ として表す（図3.2）.

$$E_x(t) = E_x^0 \cos 2\pi\nu t \tag{3.6}$$

ここで ν は電磁波の周波数である．電荷 q と電場 E のポテンシャルエネルギーは，電荷の位置座標を $\vec{r}$ として $-Eq\vec{r}$ で表されるため，時間に依存する摂動項は

$$H'(t) = -E_x^0 q\vec{r} \cos 2\pi\nu t \tag{3.7}$$

と書ける．ここで分子内に振動電場によって誘起される双極子モーメント（誘起双極子モーメント）の x 成分を

$$M_x = \sum_i q_i x_i \tag{3.8}$$

と定義しておく．ここで，状態 n に光があたり，状態 m に遷移する場合を考えよう（図3.2）．この場合，状態 m の存在確率の時間依存を計算すればその遷移の割合を知ることができる．そのためには，電磁波の式(3.7) を式(3.2) の摂動項に代入し，状態 m の波動関数の係数 a_m の2乗，すなわち存在確率の時間変化を計算すればよい．その結果は，下記のようになる [3.1, 3.2].

$$|a_m(t)|^2 = |\langle m|M_x|n\rangle|^2 \left(E_x^0\right)^2 \frac{\sin^2\{(\pi/h)(E_m - E_n - h\nu)t\}}{(E_m - E_n - h\nu)^2} \tag{3.9}$$

この式のなかで $\sin^2$ を含む関数は，周波数 ν のところに鋭いピークをもつ関数である．この式は，状態間のエネルギーの差 $E_m - E_n$ が光子エネルギー $h\nu$ と一致したとき，遷移が著しく大きくなる，つまり強い光吸収が起こることを示している．ここでさらに，実際の

測定で用いる光には振動数に幅があることと，関数自体の線幅が非常に狭いことを考慮に入れて全周波数（$\nu=-\infty \sim +\infty$）で積分を行うと式を簡単にできる [3.1, 3.3]．さらに分子の配向が電場に対してランダムであることも考慮に入れると

$$|a_m(t)|^2 = \frac{1}{3}|\langle m|\vec{M}|n\rangle|^2 (E_x^0)^2 \left(\frac{\pi}{h}\right)^2 t \tag{3.10}$$

が得られる．この式は，状態間の遷移確率が誘起双極子モーメントを初期状態 n と終状態 m の波動関数で挟んだ積分値の 2 乗

$$|\langle m|\vec{M}|n\rangle|^2 = \left|\int \varphi_m^* \vec{M} \varphi_n \, \mathrm{d}\tau\right|^2 \tag{3.11}$$

に比例して大きくなることを示している．この積分

$$\langle m|\vec{M}|n\rangle = \int \varphi_m^* \vec{M} \varphi_n \, \mathrm{d}\tau = \vec{\mu}_{mn} \tag{3.12}$$

を状態 m，n 間の遷移モーメントとよぶ．光学遷移が起こるかどうかを調べるには，遷移モーメントの値を計算し，値をもつことを確かめればよい．

3.3 電子遷移の選択則とフランク–コンドン原理

実際の分子は複数の電子と原子核からなる多体系であるが，電子の重さと原子核の重さには 2000 倍ほどの差（電子と陽子の重さの比 = 1856）があるため，それぞれの運動を分離して考えることができる．このことを一般に断熱近似（詳しくは 5.2 節で述べる）とよぶが，光学遷移を考える場合はフランク–コンドン原理とよばれる取扱いに対応する．

分子の電子状態間遷移モーメントを求めるため，まず全系の波動関数 Ψ を電子 ψ_{el} と核の振動 ψ_{vib}，回転 ψ_{rot} の波動関数の積で表せるとする [3.4, 3.5].

$$\Psi = \psi_{\mathrm{el}} \frac{1}{r} \psi_{\mathrm{vib}}(r) \psi_{\mathrm{rot}}(\theta, \phi) \tag{3.13}$$

ここで r は核間距離，θ，ϕ は分子の回転角である．なおここで r に依存する波動関数を ψ/r とするのは，極座標表示での計算の見通しを良くするためである [3.6]．遷移モーメントの z 成分は，式(3.12)から

$$\mu_z = \int {\psi_{\mathrm{el}}}' \frac{1}{r} {\psi_{\mathrm{vib}}}' {\psi_{\mathrm{rot}}}' M_z {\psi_{\mathrm{el}}}'' \frac{1}{r} {\psi_{\mathrm{vib}}}'' {\psi_{\mathrm{rot}}}'' \,\mathrm{d}\tau \tag{3.14}$$

となる．ここで $'$，$''$ はそれぞれ励起状態，基底状態を示し，M_z は誘起分子双極子モーメントの z 成分を表す．また式の煩雑さを避けるため，複素共役を示す * は省略した．ここで，極座標表示への変換式

$$M_z = \vec{M} \cos\theta \tag{3.15}$$

$$\mathrm{d}\tau = \mathrm{d}\tau_{\mathrm{el}} r^2 \sin\theta \,\mathrm{d}r \,\mathrm{d}\theta \,\mathrm{d}\phi \tag{3.16}$$

（$\mathrm{d}\tau_{\mathrm{el}}$ は電子の座標空間の体積素）を用いると

$$\mu_z = \int {\psi_{\mathrm{el}}}' {\psi_{\mathrm{vib}}}' \vec{M} {\psi_{\mathrm{el}}}'' {\psi_{\mathrm{vib}}}'' \,\mathrm{d}\tau_{\mathrm{el}} \,\mathrm{d}r \times \int \sin\theta \cos\theta \, {\psi_{\mathrm{rot}}}' {\psi_{\mathrm{rot}}}'' \,\mathrm{d}\theta \,\mathrm{d}\phi \tag{3.17}$$

となる．2番目の積分は分子の回転に関する遷移を表しており，Hönl-London 因子とよばれているが，ここではこれ以上触れない．さらに双極子モーメントを電子の座標のみに依存する部分と核の座標の

みに依存する部分に分離する．

$$\vec{M} = \vec{M}^{\mathrm{el}} + \vec{M}^{\mathrm{N}} \tag{3.18}$$

この式を，式(3.17) の第 1 の積分に代入して計算すると，電子波動関数は同一分子内で直交関係にあるため，$\vec{M}^{\mathrm{el}}$ に関する項以外はゼロとなり，一方，異なる電子状態の振動波動関数は直交しないので，

$$\vec{\mu} = \int \psi_{\mathrm{vib}}{}' \psi_{\mathrm{vib}}{}'' \, \mathrm{d}r \int \vec{M}^{\mathrm{el}} \psi_{\mathrm{el}}{}' \psi_{\mathrm{el}}{}'' \, \mathrm{d}\tau_{\mathrm{el}} \tag{3.19}$$

となる．この式は，遷移モーメントが振動波動関数 ψ_{vib} の積分と電子波動関数 ψ_{el} の積分の積で表されることを示している．このなかで，電子波動関数 ψ_{el} を含む積分が r にあまり依存せず，平均値で置き換えられると仮定するのが，フランク–コンドン原理である．さらに遷移強度は遷移モーメントの 2 乗で表せるから，電子状態間の遷移強度は，基底状態と励起状態の波動関数の積分の 2 乗に比例する．

$$|\vec{\mu}_{\mathrm{vib}'\,\mathrm{vib}''}|^2 \propto \left| \int \psi_{\mathrm{vib}}{}' \psi_{\mathrm{vib}}{}'' \, \mathrm{d}r \right|^2 \tag{3.20}$$

この右辺の値あるいは積分の値をフランク–コンドン因子とよぶ．この因子は今後，光吸収に限らず電子状態間の遷移を考える際に常に出てくるので覚えておいてほしい．

ここで，具体的な電子遷移の例としてベンゼン分子を挙げよう [3.6, 3.7]．図 3.3 は，2.1 節で紹介したデータベース ChemSpider から引用した気相ベンゼンの吸収スペクトルである．ほぼ等間隔に並ぶピークが観測されるが，これはフランク–コンドン因子で説明できる．まずピーク間のエネルギーを調べると約 $925\,\mathrm{cm}^{-1}$ で一定である．また強度は，253 nm 付近が最も強く，エネルギーが高くある

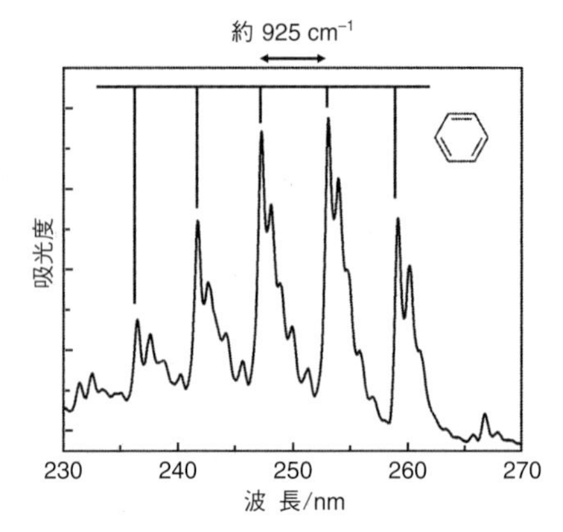

図 3.3　ベンゼン（気相）の紫外光領域の吸収スペクトル
ほぼ等間隔の振動プログレッション（後述）が観測されており，フランク–コンドン因子により説明される．

いは低くなるに従って徐々に弱くなっている．このスペクトル形状を説明するには，まず基底状態の基準振動モードを考える必要がある．ベンゼン分子の構造は基底状態で $D_{6\mathrm{h}}$ 点群に属している．また電子励起状態においても構造が大きく変わっていないとすれば，同じ点群に属していると見なしてよい（電子励起状態では，このことは必ずしも自明でない）．ここで，フランク–コンドン因子がゼロにならない条件を群論に基づいて求めれば，基底状態（Γ''）と励起状態（Γ'）の基準振動モードの表現の直積が全対称である必要がある．

$$\Gamma'' \otimes \Gamma' = \text{全対称} \tag{3.21}$$

また，第2章で述べたように，室温ではほとんどの分子が振動基底状態にあり，振動基底状態はすべて全対称である．そのためこの条件を満たす電子励起状態の基準振動もまた全対称である必要がある．

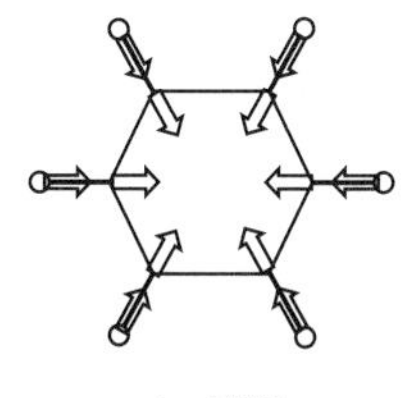

A_{1g} 表現

図 3.4 ベンゼンの 992 cm^{-1} の振動モード

そこで，基底状態の基準振動モードから全対称表現（A_{1g}）に属するものを探すと図 3.4 のものが存在し，その波数は 992 cm^{-1} であることから [2.7]，吸収スペクトルで観測された 925 cm^{-1} 間隔はこの振動モードに帰属できる．ただし厳密にいうとベンゼンのこの電子遷移は禁制であり，後述の振電相互作用によって許容となっている．そのため実際のスペクトルの形状および各ピークの帰属はより複雑なものになっている [2.9, 3.6–8].

図 3.3 のスペクトルにおいて，基底状態の赤外遷移と異なり，複数の振動ピークが観測される理由についてもフランク–コンドン因子から説明できる．一般に，電子基底状態と電子励起状態の振動ポテンシャルの平衡位置は図 3.5 に示すようにずれている．この場合，フランク–コンドン因子（式(3.20)）の値は，振動の平衡位置がずれた振動波動関数どうしの積分となる．そのため，赤外振動遷移と異なり $\Delta v = \pm 1$ 以外でも値をもつ．とくに振動基底状態（$v = 0$）の波動関数では，ポテンシャルの平衡位置に波動関数の値のピークが存在し，一方，振動励起状態（$v > 1$）ではポテンシャルの曲線に近いところで値が相対的に大きくなっている（古典的には振り子の折返しの位置に対応する）．そのため図 3.5 に点線で示したように電子基底状態の平衡位置（r_e）から垂直に線を引き，ポテンシャル曲線

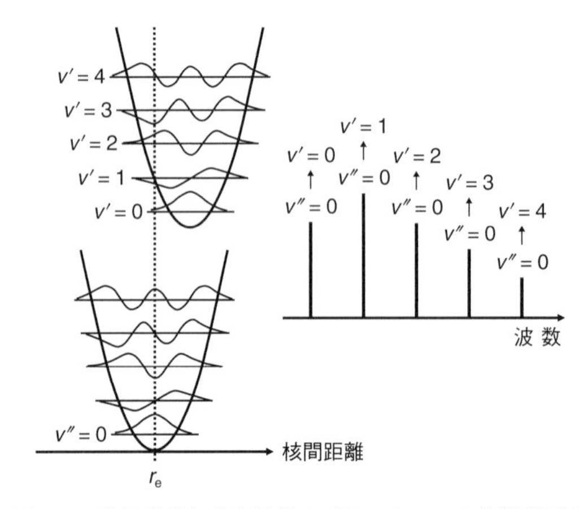

図 3.5　励起状態と基底状態のポテンシャルの位置関係と振動プログレッション

と交わった付近の振動準位が最もフランク–コンドン因子が大きくなり，最も強く観測される．また振動波動関数の空間的広がりから，励起状態のいくつかの振動準位にわたってフランク–コンドン因子は値をもち，そのためスペクトル上ではいくつもの振動準位が並んで観測される．これを振動プログレッションとよぶ．また平衡位置のずれ次第では，振動プログレッションに，電子基底状態の振動基底状態から電子励起状態の振動基底状態への遷移（0–0 遷移）が含まれるとは限らない．なお上記のベンゼンのスペクトルの場合は，振電相互作用の選択則によって $925\,\mathrm{cm}^{-1}$ 間隔のプログレッションに 0–0 遷移は観測されていない [3.8]．さらに，図 3.5 のポテンシャルは非調和性を考慮に入れていないためプログレッションは等間隔となるが，実際のポテンシャル形状は 2.6 節で説明したように，より高エネルギーになるほど間隔が狭くなるため，プログレッションも短波長になるほど間隔が少し狭くなっている．そこで変化するプログレッションの間隔を，モース関数のエネルギー準位の式(2.14) に当てはめると，励起状態のポテンシャルの非調和定数を得ることができる．

3.4　ホットバンドと振動緩和，分子内振動エネルギー再分配（IVR）

電子基底状態と電子励起状態の平衡核間距離が異なるということは，前節で論じたように，光励起による最も強い遷移が電子励起状態の高い振動準位への遷移となるということである．そのため光吸収直後に生成する状態は，振動励起状態に多く分布している．このような状態をホットな状態とよぶ．しかしこの状態は，振動量子準位のみを考えても熱平衡状態となっていないため 3.1 節で述べたように熱力学的意味での温度は定義できない．そのため「ホット」といっても高い温度というわけではない．このようなホットな状態は不安定であるため，ナノ秒からミリ秒ほど掛かって最終的に熱平衡状態に達する．その間には第 1 章の図 1.2 や 1.3 に示したように数多くの異なる特徴をもつ過程が存在する．分子の励起状態過程を理解するためには，これらの物理的意味を知ることが必要である．この節ではおもに同一電子状態内で起こる過程について考察する．

光によってある 1 つの振動準位への励起が起こった場合，もし調和振動子近似が厳密に成り立っており，それ以外の相互作用もないとすれば，この状態は固有状態（定常状態）であるためそれ以上の変化はない（発光によるエネルギー失活については後述する）．しかし実際の分子では，必ず調和振動子近似からのずれが存在し，さらに他の電子状態や環境との相互作用などが存在するため，時間とともに

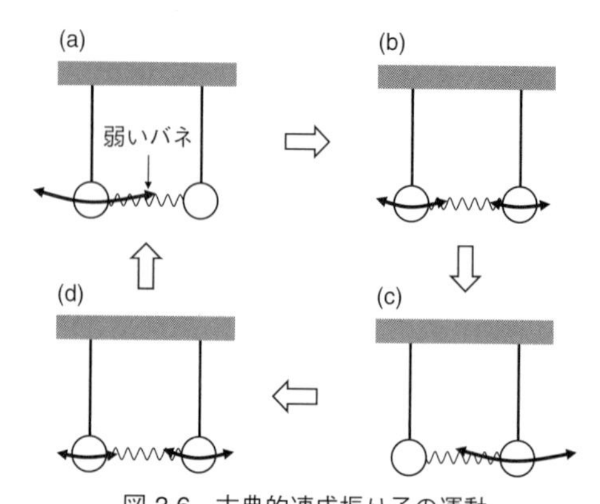

図 3.6　古典的連成振り子の運動

2つの振り子の間で（a)～(d）のエネルギー移動を繰り返す.

他の状態へエネルギー移動が起こる．その最も単純な例として2つの振動モードが弱く結合している例を取り上げよう．このような系は，古典的には，図3.6のように2つの同じ単振り子が弱いバネで連結している状態である（連成振り子）[3.9]．ここで最初に左側の単振り子のみを揺らすと，バネによる相互作用が十分弱いため最初のうちは左側のみが単独の単振り子のように振動する（a)．しかし時間が経過すると，弱い相互作用によって右側の単振り子が徐々に振動を始め，その振幅は時間とともに大きくなる（b)．さらに時間が経つと，あるとき右側の単振り子のみが振動するようになる（c)．その後，ふたたび左側の単振り子が振動を始め（d)，ふたたび左側の単振り子のみが振動するようになる（a)．摩擦などのエネルギー散逸過程がなければこの交互に起こる振動が永遠に続く．このような単振り子間のエネルギー移動は，2つの単振り子のひもの長さやおもりの重さが異なる場合や3つ以上の単振り子においても見られる．これらの連成振り子の実際の動きはインターネット上に多くの

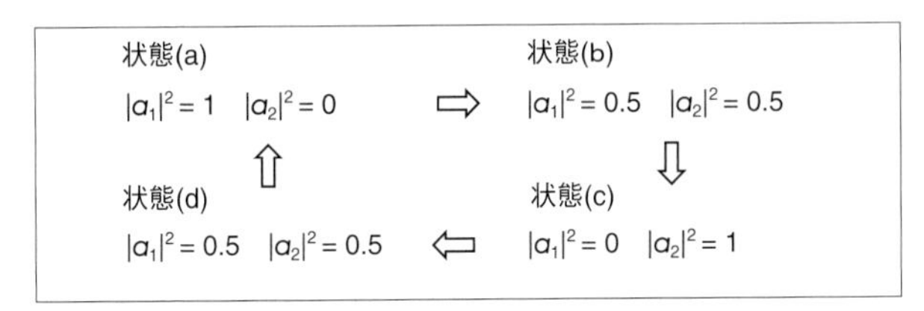

図 3.7 縮退した 2 つの調和振動子の量子状態間のエネルギー移動
状態（a)～(d）は，図 3.6 の古典的連成振り子の（a)～(d）に対応する.

動画があるので確認してほしい.

この運動を量子力学的に考えると，縮退した 2 つの調和振動子の固有状態 $|\mathrm{v}_1\rangle$，$|\mathrm{v}_2\rangle$ があり，それらが弱く相互作用している場合になる（図 3.7）．そこで，時間依存する系全体 $|t\rangle$ をこれらの線形結合で表す.

$$|t\rangle = a_1|\mathrm{v}_1\rangle + a_2|\mathrm{v}_1\rangle \tag{3.22}$$

このとき，それぞれの存在確率は時間に依存する係数 a_1，a_2 の 2 乗 $|a_1|^2$，$|a_2|^2$ で表される．ここで，初期状態（図 3.7 の下段パネル（a)）で一方の調和振動子 $|\mathrm{v}_1\rangle$ の存在確率 $|a_1|^2$ を 1 として，その後の時間変化を観測する．古典的な連成振り子と同様に，$|\mathrm{v}_1\rangle$ の存在確率 $|a_1|^2$ が徐々に減少し，それに伴い $|\mathrm{v}_2\rangle$ の存在確率 $|a_2|^2$ が上昇する（b)．さらにある時間経過すると $|\mathrm{v}_1\rangle$ の存在確率 $|a_1|^2$

が0となり，$|\mathrm{v}_2\rangle$ の存在確率 $|a_2|^2$ が1となる（c）．その後，また $|\mathrm{v}_1\rangle$ の存在確率 $|a_1|^2$ が徐々に増えていき（d），ふたたび $|\mathrm{v}_1\rangle$ の存在確率 $|a_1|^2$ が1となる（a）．その後は，この変化が何度も繰り返される．これが量子力学的振動エネルギー移動の最も単純な例である．

ここで古典的系との対応をもう少し詳しく見てみよう．まずどちらも相互作用する系全体をみればエネルギーは保存されている．さらに振り子の周期は変化しないので，古典的な各振り子の振幅の大きさが量子力学的な各状態の存在確率 $|a_n|^2$ に対応している．周期の異なる振り子どうしの場合，量子力学的には非縮退系となり，各状態の存在確率の時間変化が異なってくる [3.10].

この振動エネルギー移動は，分子を光励起した後に起こる現象の理解に欠かせない．ここでは単純化のため，1つの電子励起状態のみ存在する多原子分子を考える．また電子励起状態において調和振動子近似がよく成り立つ，電子基底状態との直接的な相互作用はないことも仮定する．このような分子の電子励起状態における基準振動モードの数は，すでに述べたように分子の原子数を N として，$3N-6$ 個（非直線分子）または $3N-5$ 個（直線分子）ある．たとえばベンゼン（C_6H_6）のような12原子からなる分子の場合，30の基準振動があるわけである．さらにそれぞれ基準振動は，振動量子数 $v=0,1,2,3,\cdots$ のような振動固有状態をもつため，高いエネルギーではさらに多くの振動固有状態が存在している．このような分子を光によって電子状態へ励起した場合，前節での解説のように，すべての振動が励起されることはなく，電気双極子遷移の選択則に従い少数の基準振動のみが振動励起される．この際，分布する振動準位はフランク–コンドン因子に従うため，高い振動量子数の状態（＝高いエネルギー状態）へ励起されることも少なくない．このように

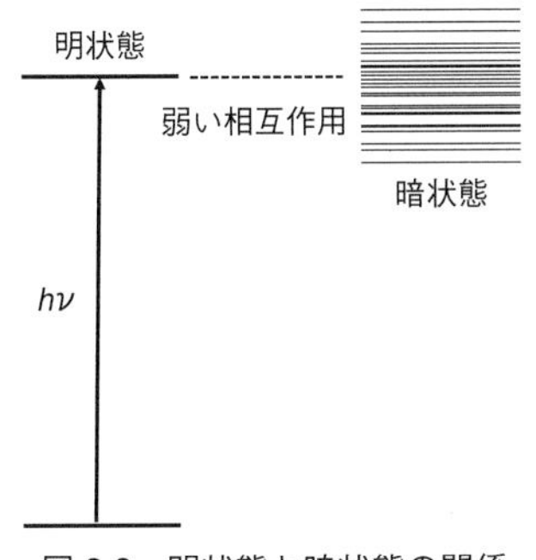

図 3.8　明状態と暗状態の関係

光によって直接生成する量子状態を明状態とよぶ．一方，その他の多くの基準振動の振動固有状態は光によって直接励起されず，暗状態とよばれる．

ここではさらに単純化のため，エネルギー（光の波長）を選ぶことによって 1 つの明状態へ光励起した場合を考えよう．量子準位を用いて表すと図 3.8 のようになる．明状態と暗状態間に非調和結合による弱い相互作用がある場合，多くの連成振り子からなる系と同様に明状態のエネルギーが徐々に暗状態へ移っていく．この過程を分子内振動エネルギー再分配（intramolecular vibrational energy redistribution: IVR）とよぶ．もしこの系が閉じていれば，いつかはまたもとの振動状態に戻ることが予想される．しかし現実の系では，熱浴（溶液の場合は熱平衡にある溶媒）との相互作用があるため，エネルギー再分配された各振動状態と熱浴との間の振動エネルギー移動も起こり，最終的には電子励起状態内で振動エネルギーの分布が熱平衡状態となる．この状態は，電子励起状態と電子基底状態の間は熱平衡となっていないが，電子励起状態内における振動準位が熱平衡状態になっている．そのため準熱平衡状態とよばれる．この準

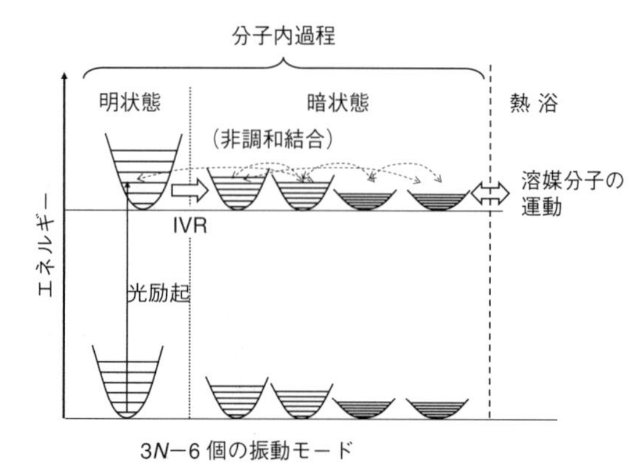

図 3.9　光励起後の分子内振動エネルギー再分配（IVR）過程
電子励起状態内で IVR および熱浴との相互作用があることにより準熱平衡状態へ至る.

熱平衡状態になる過程は一般にピコ秒程度の非常に短い時間で起こる．図 3.9 は，この過程をより詳しく描いたものである．ここでは明状態を 1 つの振動モード，暗状態を多数の振動モードからなるとしている．これら間の非調和結合によって IVR が起こる．また溶媒分子のさまざまな運動からなる熱浴との相互作用は，これらすべてのモードで起こりうるが，溶媒分子の運動は一般に振動数が低いため，分子内の低い振動モードとの相互作用が比較的大きい．

3.5　発光過程

つづいて，この IVR と競合する過程について述べる．まず考慮すべきは励起分子がエネルギーを光として放出する発光過程である．自然に起こる発光（自然発光）をきちんと取り扱うには，光すなわち電磁場も量子化する必要があるが，複雑になるのでここでは半古典論の範囲で考察する [3.1–3].

最も単純には，励起状態にある分子の数を N_{ex} とし，単位時間あたりの発光分子の数が N_{ex} に比例すると考える．この場合，

$$\frac{\mathrm{d}N_{\mathrm{ex}}}{\mathrm{d}t} = -AN_{\mathrm{ex}} \tag{3.23}$$

という微分方程式が書ける．ここで A は比例定数である．この式は一次反応や放射性元素の崩壊と同じであり，その解は指数関数的減少となる．初めの分子数を $N_{\mathrm{ex}}(0)$ とすれば，その時間変化 $N_{\mathrm{ex}}(t)$ は，

$$N_{\mathrm{ex}}(t) = N_{\mathrm{ex}}(0)\exp(-At) \tag{3.24}$$

となる．また寿命 τ は A の逆数で表される．

$$\tau = A^{-1} \tag{3.25}$$

この場合，寿命 τ における励起分子の数は初期状態の 1/e（e はネイピア（Napier）数，自然対数の底：2.718⋯）となる．そのため，ある状態における定数 A の値が求まれば，寿命を知ることができる．

ここで量子二準位系と電磁波との相互作用についてもう少し詳しい考察をしてみよう．1916 年に Einstein は図 3.10 に示すような 3 つの過程が存在すると考えた．ここで $W(\nu)$ は周波数 ν の電磁場の強度，B_{12} は吸収の係数，A_{21} は上で示した定数 A に対応し，自然放出（自然発光）の係数，さらに B_{21} は電磁場によって発光が誘導される誘導放出とよばれる過程の係数である．ここで誘導放出は電磁場の強度に比例する吸収の逆過程となっている．これらの 3 つの過程が起こっている場合の励起状態（N_{ex}）および基底状態（N_{gr}）

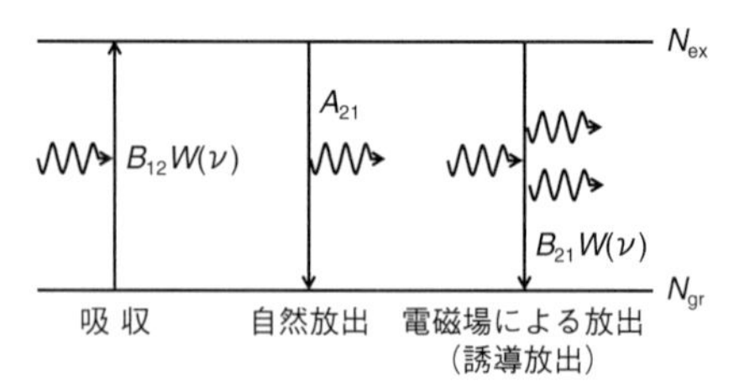

図 3.10　Einstein が考えた量子二準位系と電磁波の間の 3 つの相互作用過程

にある分子の数の時間変化は，下記の微分方程式（速度式）で書き表せる．

$$\frac{\mathrm{d}N_{\mathrm{gr}}}{\mathrm{d}t} = -\frac{\mathrm{d}N_{\mathrm{ex}}}{\mathrm{d}t} = N_{\mathrm{ex}}A_{21} - N_{\mathrm{gr}}B_{12}W(\nu) + N_{\mathrm{ex}}B_{21}W(\nu) \tag{3.26}$$

ここで系が熱平衡状態にある場合は，時間変化しないので，

$$N_{\mathrm{ex}}A_{21} - N_{\mathrm{gr}}B_{12}W(\nu) + N_{\mathrm{ex}}B_{21}W(\nu) = 0 \tag{3.27}$$

となる．この式を変形すると，電磁場の強度 $W(\nu)$ を，

$$W(\nu) = \frac{A_{21}}{(N_{\mathrm{gr}}/N_{\mathrm{ex}})B_{12} - B_{21}} \tag{3.28}$$

と書ける．さらに熱平衡状態における状態分布の比はボルツマン分布で表されるため，この式の $N_{\mathrm{gr}}/N_{\mathrm{ex}}$ を光のエネルギー $h\nu$ だけ離れた 2 状態間のボルツマン分布の式で置き換えると

$$W(\nu) = \frac{A_{21}}{B_{12}\exp(h\nu/kT) - B_{21}} \tag{3.29}$$

となる．一方，プランク（Planck）の黒体放射の式によるエネルギー密度は

$$W(\nu)\,\mathrm{d}\nu = \frac{8\pi h\nu^3}{c^3}\frac{\mathrm{d}\nu}{\exp(h\nu/kT)-1} \tag{3.30}$$

である [2.1]．これら 2 つの式から

$$A_{21} = \frac{8\pi h\nu^3}{c^3}B_{12} \tag{3.31}$$

の関係式が導かれる．これによって自然放出の係数 A_{21} は，光吸収の係数 B_{12} と電磁場の周波数 ν の 3 乗を含む比例係数で関連づけられることがわかる．

そこで係数 B_{12} の大きさを，時間を含む摂動論を用いた光吸収の取扱いから求める．式(3.32) は，3.2 節で得られた励起状態の存在確率の時間変化 $|a_m(t)|^2$ を表す式(3.10) を，遷移モーメント $\vec{\mu}_{mn}$ を用いて書き直したものである．

$$|a_m(t)|^2 = \frac{1}{3}|\vec{\mu}_{mn}|^2\,(E_x^0)^2\left(\frac{\pi}{h}\right)^2 t \tag{3.32}$$

ここで，電磁気学によると真空中の電磁波の（電場 E の）エネルギー密度 ρ は

$$\rho = \frac{\varepsilon_0}{2}(E_x^0)^2 \tag{3.33}$$

と書ける [3.11]．ここで，ε_0 は真空の誘電率である．これらの関係式(3.32)，(3.33) および $\hbar = h/2\pi$ を用いると，

$$|a_m(t)|^2 = \frac{1}{6\varepsilon_0\hbar^2}|\vec{\mu}_{mn}|^2\rho t \tag{3.34}$$

が得られる．この式は，電磁波 ρ の下で，時刻 t で励起状態が見出される確率を表しているため，励起状態の生成速度はこの式を t で

微分すればよい．また，上で求めた係数 B_{12} もエネルギー密度 ρ における遷移確率を表していることから

$$\frac{\mathrm{d}|a_m(t)|^2}{\mathrm{d}t} = \frac{1}{6\varepsilon_0\hbar^2}|\vec{\mu}_{mn}|^2\rho = B_{12}\rho \tag{3.35}$$

となる．この関係式から

$$B_{12} = \frac{1}{6\varepsilon_0\hbar^2}|\vec{\mu}_{12}|^2 \tag{3.36}$$

が得られる．さらに A_{21} と B_{12} の関係式（式(3.31)）から

$$A_{21} = \frac{8\pi^2\nu^3}{3\varepsilon_0 c^3\hbar}|\vec{\mu}_{12}|^2 \tag{3.37}$$

が得られる．この係数の逆数が発光寿命（自然寿命）を表していること（式(3.25)）から，遷移モーメントがわかれば発光寿命も求められる．さらに遷移モーメントは，式(3.12) を用いて，基底状態，励起状態の波動関数から計算できるため，発光寿命も同様に計算できる．

光学遷移の強度を表す値としては，振動子強度がしばしば用いられる．たとえば，原子，分子の光学遷移に関するデータベースにまとめられていたり，量子化学計算による電子遷移の強度として得られたりするのが振動子強度である．そのため振動子強度と遷移モーメントの関係がわかれば，文献や計算から得られた振動子強度から，発光寿命を計算できる．振動子強度は，1個の電子が光学遷移の周波数で調和振動している場合の遷移確率を基準にする．調和振動子の場合，2.2節で解説したように，その選択則から1つの遷移しか許されない．振動子強度 f_{ij} は，この調和振動子の遷移確率 P_{har} に対する，注目する遷移の遷移確率 P_{ij} の割合を示したものである．その値は，注目する遷移の遷移モーメント $\vec{\mu}_{ij}$ を用いて，

$$f_{ij} = \frac{P_{ij}}{P_{\mathrm{har}}} = \frac{4\pi m_{\mathrm{e}}\nu}{3\hbar e^2}|\vec{\mu}_{ij}|^2 \tag{3.38}$$

と書ける [3.1, 3.3, 3.7]．ここで m_{e} は電子の質量，e は電気素量である．なおこの値は割合であるため単位のない無名数である．また定義から，1 つの状態からの一電子遷移については以下のような総和則が成り立つ．

$$\sum_j f_{ij} = 1 \tag{3.39}$$

また同様に一電子遷移の各吸収スペクトルピークの面積は振動子強度に比例する．さらに A_{21} 係数の式(3.37) と振動子強度の式(3.38) から，発光寿命 τ を表す式として

$$\tau = {A_{21}}^{-1} = \frac{\varepsilon_0 m_{\mathrm{e}} c^3}{2\pi e^2 \nu^2 f_{ij}} \tag{3.40}$$

を得る．さらに発光波長を波数 $\tilde{\nu}\,[\mathrm{cm}^{-1}]$ で表し，各物理定数の部分を近似的に計算すると

$$\tau \cong \frac{1.50}{\tilde{\nu}^2 f_{ij}} \quad [\mathrm{s}] \tag{3.41}$$

となる [3.3]．

以上の考察から，自然発光の寿命は，発光波数の逆数の 2 乗と振動子強度の逆数に比例するといえる．一電子遷移の振動子強度の最大値が 1 であることを考えると，発光寿命は発光波長によって制限されることがわかる．ここで，振動子強度を 1 としたときの可視光 500 nm および赤外光 10 μm の発光寿命を計算すると，式(3.41) から寿命はそれぞれ 3.8 ns および 1.5 μs となる．また発光寿命が長くなると，前節で述べた熱浴との相互作用による緩和過程が優勢にな

る．そのため，可視光の発光が容易に観測される一方，赤外発光を観測するには何らかの方法で孤立した状態をつくる必要がある．

3.6 フェルミの黄金則

電子励起状態におけるもう一つの競合過程として，電子基底状態との相互作用によるエネルギー緩和が挙げられる．これは発光を伴わない緩和過程であることから無放射遷移とよばれる過程の一つである．可視光励起による電子励起状態と電子基底状態とのエネルギー差は，$20\,000\,\mathrm{cm}^{-1}$（$\sim 2.5\,\mathrm{eV}$）程度であるから，たとえ電子励起状態において振動基底状態にあっても，そのエネルギーは電子基底状態の非常に高い振動準位に対応する．そのため振動準位が密に詰まっている．たとえばアントラセン（$\mathrm{C_{14}H_{10}}$）における $25\,000\,\mathrm{cm}^{-1}$ 付近の密度は $10^{12} \sim 10^{18}$ 準位/cm^{-1} となる [3.10]．そこで，ある1つの量子状態から密に詰まった量子状態への遷移を一般的に取り扱うことのできる式を，時間を含む摂動論の式から求めておこう．

3.2節では，摂動が掛かったときの波動関数の時間変化を，定常状態の固有関数で表す一般式(3.2) を示した．以下に再掲する．

$$\frac{\mathrm{d}}{\mathrm{d}t} a_i(t) = \frac{1}{i\hbar} \sum_i a_i(t) \langle k|\lambda(t) H'|i\rangle \, \mathrm{e}^{i(E_k - E_i)t/\hbar} \tag{3.2}$$

また3.2節では省略したが，$a_i(t)$ を微少量 λ でべき級数展開したときの1次の項を求めると

$$a_k^{(1)}(t) = -\frac{i}{\hbar} \langle k|H'|n\rangle \frac{\mathrm{e}^{\varepsilon t + i(E_k - E_n)t/\hbar}}{\varepsilon + i(E_k - E_n)/\hbar} \qquad (k \neq n) \tag{3.42}$$

となる（Appendix の式(3.A20)）．ここで ε は，後の計算をやりやすくするため便宜的に $\lambda(t) = \lambda\,\mathrm{e}^{\varepsilon t}$ とおいたときの係数である（Appendix の式(3.A1)). 状態間の遷移確率は，各固有関数の係数の絶対値の 2 乗の時間依存となるので，

$$\frac{\mathrm{d}}{\mathrm{d}t}|a_k^{(1)}(t)|^2 = \frac{\mathrm{d}}{\mathrm{d}t}\left|-\frac{i}{\hbar}\langle k|H'|n\rangle\frac{\mathrm{e}^{\varepsilon t+i(E_k-E_n)t/\hbar}}{\varepsilon+i(E_k-E_n)/\hbar}\right|^2$$
$$\cong \frac{2|\langle k|H'|n\rangle|^2}{\hbar^2}\left(\frac{\varepsilon\,\mathrm{e}^{2\varepsilon t}}{\varepsilon^2+{\omega_{kn}}^2}\right) \tag{3.43}$$

と計算できる．ここでは

$$\omega_{kn} = \frac{i(E_k-E_n)}{\hbar} \tag{3.44}$$

とおいた．ここで $\varepsilon\to 0$ とすれば，$\mathrm{e}^{\varepsilon}\to 1$. さらにデルタ関数 $\delta(x)$ に関する公式

$$\lim_{\varepsilon\to 0}\frac{\varepsilon}{\varepsilon^2+{\omega_{kn}}^2} = \pi\delta(\omega_{kn}) = \pi\hbar\delta(E_k-E_n) \tag{3.45}$$

を用いれば，状態 n から k への遷移確率として，

$$w_{n\to k} \cong \frac{2\pi}{\hbar}|\langle k|H'|n\rangle|^2\delta(E_k-E_n) \tag{3.46}$$

が得られる．この式の物理的な意味は，ある状態 n から別の状態 k への遷移は，それらのエネルギーが一致したとき（$\delta(0)$）のみ起こり，その確率はそれらの波動関数で摂動項 H' を挟んで積分した値の 2 乗で決まるということである．すなわち状態が密に存在する場合は等エネルギー的な状態間遷移のみを考えればよいことを示している．ここで，始状態近傍の終状態の準位が十分密に詰まっており，さらにその単位エネルギーあたりの状態密度 ρ が一定であるとすれば

$$w_{n\to k} \cong \frac{2\pi}{\hbar}|\langle k|H'|n\rangle|^2\rho \tag{3.47}$$

と書き直せる．式(3.46) および (3.47) の関係式はフェルミの黄金則として知られ，さまざまな励起状態ダイナミクスを考えるとき基本となる式である．以降，しばしば出てくるので覚えておいてほしい．

3.7　無放射遷移とエネルギーギャップ則

次に電子励起状態と電子基底状態の相互作用によるエネルギー緩和について具体的に考える．Englman と Jortner は，励起状態と基底状態の振動ポテンシャルに調和振動子近似が成り立つと仮定して，エネルギーギャップ則とよぶ関係式を導いた [3.12]．ここでは簡単化のため，基底状態と励起状態で対称性や構造がほとんど変わらず，同じ基準振動モードで扱えることを仮定する．具体的には，多環芳香族分子のようなものを考える．この条件の下で，図 3.11 に示すような相互作用のない 2 つの固有状態，励起状態 s，基底状態 g を考える．ここでフェルミの黄金則の式(3.46) から，励起状態の振動準位 si から基底状態の振動準位 gj への遷移確率 W は，

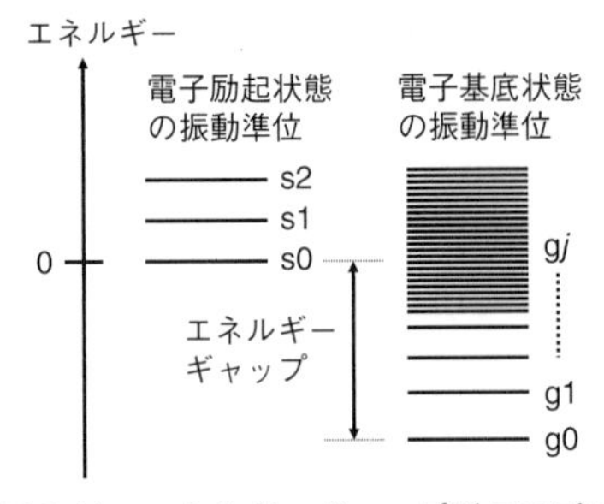

図 3.11　エネルギーギャップ則のモデル
相互作用がないときの固有状態.

$$W = \frac{2\pi}{\hbar} C^2 \sum_i \sum_j p(\mathrm{s}i) |S_{\mathrm{s}i,\mathrm{g}j}|^2 \delta(E_{\mathrm{s}i} - E_{\mathrm{g}j}) \tag{3.48}$$

で表される．ここで $p(\mathrm{s}i)$ は，以下の式で示される温度 T における $\mathrm{s}i$ 振動状態分布の割合を示す（すなわち励起状態 s での熱平衡状態を仮定している）．

$$p(\mathrm{s}i) = \frac{\exp\left(-E_{\mathrm{s}i}/k_{\mathrm{B}}T\right)}{\sum_i \exp\left(E_{\mathrm{s}i}/k_{\mathrm{B}}T\right)} \tag{3.49}$$

また C は振電相互作用とよばれる電子励起状態と電子基底状態の間の相互作用を表す．一般にこの値は振動モードに依存するが，ここでは分子が十分に大きく，また電子状態間のエネルギー差が大きいことから一定として扱う．なお振電相互作用の詳細については 4.4 節で説明する．最後に $S_{\mathrm{s}i,\mathrm{g}j}$ は，各振動モードにおける振動波動関数の重なりの積，すなわちフランク–コンドン因子である．基準振動モード t の一般化座標を Q_t，振動量子数を v_t，その波動関数を $X(Q_t, v_t)$ で表すと，フランク–コンドン因子は

$$S_{\mathrm{s}i,\mathrm{g}j} = \prod_{\mathrm{all}\,t} \langle X_{\mathrm{st}}(Q_t^{(\mathrm{s})}, v_{\mathrm{st}}) | X_{\mathrm{gt}}(Q_t^{(\mathrm{g})}, v_{\mathrm{gt}}) \rangle \tag{3.50}$$

と書くことができる．

ここで考えているフランク–コンドン因子の大きさは，もし励起状態と基底状態で，分子構造がまったく変わらない，言い換えると各振動モードのポテンシャル形状が同じで，なおかつ平衡位置が同じであれば，調和振動子の固有関数の直交性から（同一量子数どうしを除いて）ゼロとなる．しかし多くの場合，電子励起による結合の強さの変化から，励起状態と基底状態の平衡位置はずれており，そ

の場合はフランク–コンドン因子はゼロとならない．そのためポテンシャルの平衡位置のずれの大きさが，エネルギー緩和の速さを決める鍵となる．そこで，次に平衡位置のずれの異なる2つの場合について，より詳しく見てみよう．

はじめに電子励起状態 (U_{s}) と電子基底状態 (U_{g}) の振動ポテンシャルを考える．最初に述べたようにこれらの基準振動モードは同一であると仮定しているので，その数を N とし，各振動モードを j (j=1, $\cdots$, N) で表すと，それぞれのポテンシャルは，

$$U_{\mathrm{s}}(q_1, \cdots, q_N) = \frac{1}{2}\sum_j \hbar\omega_j {q_j}^2 \tag{3.51}$$

$$\begin{aligned} U_{\mathrm{g}}(q_1, \cdots, q_N) &= \frac{1}{2}\sum_j \hbar\omega_j \left(q_j - \Delta_j\right)^2 - \Delta E \\ &= U_{\mathrm{s}} - \sum_j \hbar\omega_j \Delta_j q_j - \Delta E + E_M \end{aligned} \tag{3.52}$$

と書ける．ここで，q_j は無次元化した一般化座標，ω_j は角振動数，Δ_j は平衡核間距離のずれ，ΔE は電子状態間のエネルギー差を表す．さらに

$$E_M = \frac{1}{2}\sum_j \hbar\omega_j \Delta_j^2 \tag{3.53}$$

とおいた．このポテンシャルは N 次元空間上の超曲面になるため図示はできないが，あえて模式的に書くと図3.12のようになる．ここで図3.12 (a) は Δ_j が十分小さい場合で，弱結合極限（weak coupling limit）とよばれ，図3.12 (b) は Δ_j が大きい場合で強結合極限（strong coupling limit）とよばれる．以下にそれぞれについて具体的に考察する．

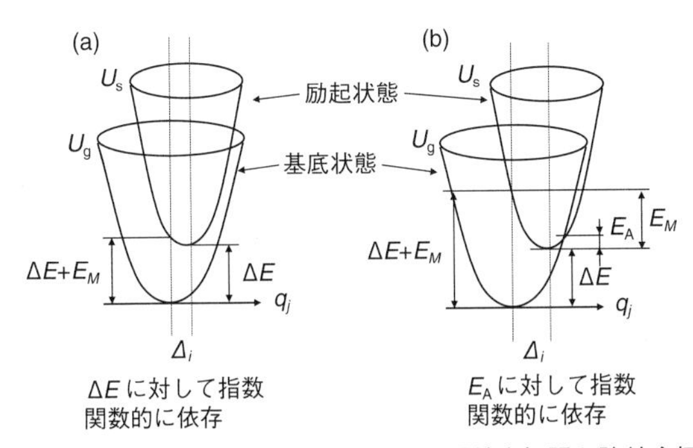

図 3.12 エネルギーギャップ則における弱結合極限と強結合極限
(a) 弱結合極限, (b) 強結合極限.

まず弱結合極限について考える．これは光励起によって結合の組替えや切断のような大きな構造変化が起こらない場合で，一般的な光励起状態はほとんどこれに当てはまる．導出の詳細は文献 [3.12] を見てほしいが，この場合の遷移確率 W は，

$$W = \frac{C^2\sqrt{2\pi}}{\hbar\sqrt{\hbar\omega_M \Delta E}} \exp\left(-\frac{\gamma\Delta E}{\hbar\omega_M}\right)$$
$$\gamma = \log\left(\frac{\Delta E}{de_M}\right) - 1$$
$$de_M = \frac{1}{2}\sum_{M=1,\cdots,d} \hbar\omega_M {\Delta_M}^2 \tag{3.54}$$

と書くことができる．ここで，M は最も高い振動数をもつ基準振動モードを表している．すなわち，この振動モードが弱結合極限において基底状態への遷移速度に重要な役割を果たしている．さらに ω_M は M の角振動数，総和の変数 d はモード M の縮退度である．またこの式では系の温度として絶対零度を仮定しているが，一般に ω_M は室温よりかなり大きいため，室温程度ではこの式は成り立つ

と考えてよい．

この式から弱結合極限の場合，励起状態から基底状態への遷移確率は，電子状態間のエネルギー差 ΔE の増加とともに，ほぼ指数関数的に減少するということがいえる．言い換えると基底状態と励起状態のエネルギー差（エネルギーギャップ）が大きくなればなるほど，基底状態への遷移が大幅に遅くなるということである．また最も高い振動数をもつモードの角振動数の値 ω_M が大きいほど遷移は速くなる．一般の有機分子において最も高い振動数をもつ振動モードは，最も軽い元素である水素を含む伸縮振動である．すなわちこの水素を重水素化すると核の質量が約2倍となることから，基底状態への遷移に対して大きな同位体効果が見込める．

次に強結合極限について考える．ただし一般の分子において，振動ポテンシャルの平衡位置が，励起状態と基底状態で大きくずれている場合，対称性も含めて構造も大きく異なることが予想され，前提となる条件を満たさなくなる．そのため一般的な分子の基底状態への無放射緩和の見積もりには適していない．むしろこの考え方は，後述する電子励起状態どうしや光異性化，光化学反応が起こる場合を考察する際に有用である．この場合の遷移確率は，

$$W = \frac{C^2\sqrt{4\pi}}{\sqrt{E_M\hbar\langle\omega\rangle}}\exp\left(-\frac{2E_{\mathrm{A}}}{\hbar\langle\omega\rangle}\right) \tag{3.55}$$

$$\langle\omega\rangle = \frac{\displaystyle\sum_j \omega_j}{N}$$

となる．ここで N は基準振動モードの数であるため，$\langle\omega\rangle$ はすべての振動モードの角振動数の平均を表す．さらに低温極限として，系の熱分布より平均振動数が十分大きい条件 $\hbar\langle\omega\rangle/k_{\mathrm{B}}T \gg 1$ を仮定している．また E_{A} は，図3.12 (b) に示されるように励起状態のポ

テンシャルの底から，基底状態と励起状態の振動ポテンシャルが交わる点までのエネルギー差である．この式の意味するところは，遷移確率がこの E_{A} の増加とともに指数関数的に減少するということである．言い換えると，2 つのポテンシャルの交点の位置に大きく依存することを示している．この点が，ΔE に依存していた弱結合極限とは大きく異なる．また遷移確率は平均の振動数 $\langle\omega\rangle$ が大きくなるほど高まるが，個々の振動モードの影響は小さいため同位体効果は乏しいことが予想される．

デルタ関数で表されたフェルミの黄金則によって導いた遷移確率は，電子励起状態から電子基底状態への等エネルギー的遷移を表している．しかし，一度，電子基底状態ポテンシャルへ遷移した後は，電子基底状態の非常に高い振動励起状態にあるため，3.4 節で考察した IVR，溶媒（熱浴）との相互作用により，分子は素早く熱平衡状態に達する．このとき，もっていたエネルギーは溶媒の振動エネルギーとなる．このように，発光によるエネルギー失活を起こさない状態間遷移を，無放射遷移あるいは無放射失活とよぶ．さらに，一般的に電子状態間の遷移速度に比べ，遷移後の高振動励起状態からのエネルギー緩和のほうが非常に速いため，ここで導かれた遷移確率が無放射遷移の速さを決めているといってよい．なおこれらの式は，無放射遷移の速さを予想するのに便利であるが，最初に述べたように，2 つの電子状態において調和振動子近似が成り立ち，同じ基準振動をもつ場合を仮定している．この仮定は，多原子分子において常に成り立つとは限らない．たとえば，異なる基準振動をもつ場合は Duschinsky 効果とよばれ，より進んだ取扱いが必要となる [3.13, 3.14]．さらに，ここでは説明を省略した多くの仮定もあり，エネルギーギャップ則適用の際には注意が必要である．

3.8　励起状態の時間分解赤外スペクトル

ここまでの考察をもとに，電子励起状態が 1 つしかない場合における光励起後の赤外振動スペクトルがどのようになるかについて考えてみよう．図 3.13 には光励起直後から熱平衡状態に至るまでに起こるおもな現象と，それらの現象がどのような赤外スペクトルとして観測されるかを模式的に表した．まずはじめに光励起前を考える．アボガドロ（Avogadro）数（6.0×10^{23}）程度の多数の分子からなる系を考えたとき，光励起前は，電子基底状態のすべての振動モード（非直線分子の場合 $3N-6$ 個）の振動準位において，系の温度に対するボルツマン分布則に従った分布が見られる．しかし室温の場

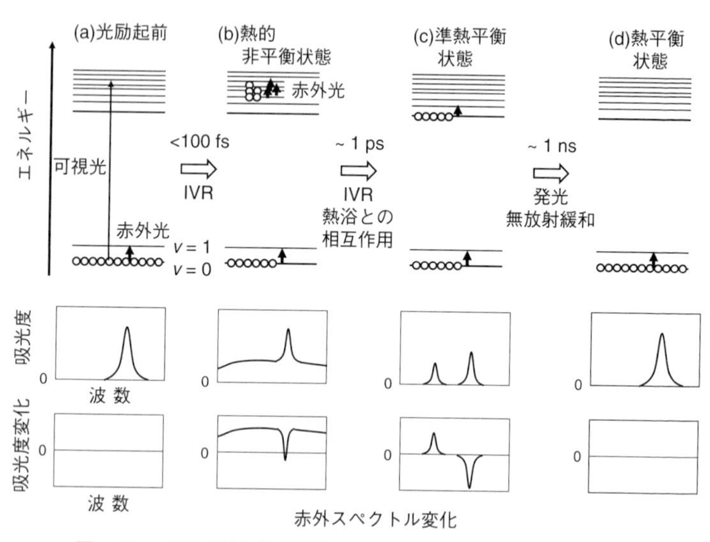

図 3.13　分子の励起状態過程と時間分解赤外スペクトルの関係

合，2.2 節で見積もったように，ほとんどは振動基底状態と見なしてよいため，ここではすべて振動基底状態にあるとする．また図の振動準位は模式的なもので，必ずしも 1 つの振動モードの振動準位を表したものではない．このような系の赤外吸収スペクトルを測定すると，図 3.13 の下側に描いたように電子基底状態の各振動モードにおける振動基底状態（$v=0$）から振動励起状態（$v=1$）への遷移が観測される．ここでスペクトルの上の段は，縦軸に赤外吸光度，横軸に波数をとったものであり，通常の赤外吸収スペクトルに対応する．下段は縦軸にポンプ光照射後と前の赤外吸光度の差（吸光度変化）をとったものであり，ポンプ・プローブ法による時間分解赤外測定では原理的に下段のスペクトルが得られる．

次に，この熱平衡状態にある系に対し，電子基底状態と電子励起状態間のエネルギー差以上の光エネルギーをもつポンプ光（一般に可視から紫外光）を照射する．光吸収は非常に短い時間（1 fs 以下）で起こり，電子励起状態となった分子が一定数生成する．このとき生成する励起状態の割合は，3.2 節で解説した基底状態と励起状態間の遷移モーメント（式(3.12)）によって決まる．ここでは 1 つの電子励起状態しか考えていないので，3.3. 節で考察したフランク–コンドン原理に従って，各振動モードの振動準位への分布はフランク–コンドン因子によって知ることができる．また一般に紫外可視領域の吸収は，π 電子あるいは不対電子（n 電子）から，空の π^* 軌道への励起に対応することが多い [1.1]．そのため，これらの結合を含む比較的高波数の振動モードでは，電子基底状態と電子励起状態の平衡核間距離にずれが生じ，電子励起状態の比較的高い振動量子数でフランク–コンドン因子が大きくなる．このような状態（フランク–コンドン状態）では，振動準位の分布がボルツマン分布則に従っていないため，熱的非平衡状態となっている（図 3.13 (b)）．さらに時間が経過すると，後で説明する準熱平衡状態（図 3.13 (c)）を経て，系の状態は周りの環境（熱浴）の温度に従ったボルツマン分布（熱平衡状態）に緩和する（図 3.13 (d)）．時間分解赤外分光は，このように熱的非平衡状態で時々刻々と変化する分子の状態を観測しているのである．以下に，この間の系の状態とそれが時間分解赤外スペクトルにどう現れるかについて順を追って説明する．

まず前提として，もし電子励起状態で調和振動子近似が厳密に成り立つとすれば，各振動状態は固有状態（定常状態）であるため分布の時間変化は起こらない．しかし，実際には 2.7 節で考察した各振動モード間の非調和結合があるため，振動準位間のエネルギー移動（IVR）が起こり，光によって直接分布した明状態から，それ以外の振動モードへ分布が次第に広がる．ここでもし結合した振動モードがごく少数しかなければ，3.4 節で述べた古典的連成振り子のようにしばらく時間が経つとまたエネルギーは元の振動モードへ戻ってくる．しかし多くの多原子分子の高い振動準位では，同一エネルギーに数多くの振動準位が存在し，それらが互いに結合した状態になっている．さらに現実の分子では，次章で述べる他の電子状態との相互作用や熱浴との相互作用も存在する．そのため，熱平衡状態へ向かって一方的に緩和が起こりもとに戻ってくることはない（図 3.9 参照）．

ここで，この過程の最初期（～100 fs）のスペクトルについて考えてみよう．上で述べたように，励起直後の系では多くの異なる量子準位に分布し，また個々の分子周りの環境の不均一性によって微妙にエネルギーの異なる状態も存在するため，赤外吸収スペクトルは構造に乏しいブロードな吸収として観測される．またその一方で，光によって励起される分子は，電子基底状態のままでいる分子よりは常に少数であるため，電子基底状態の振動遷移も同時に観測される．ただし，電子基底状態の分布は，光励起前に比べて少なくなっているため，その吸収強度は光励起前に比べ減少する．その結果，全体の吸収スペクトル形状は図 3.13 (b) に示したように，ブロードな吸収に電子基底状態のシャープな振動吸収が重なったかたちとなる．また差スペクトルでは，電子基底状態の吸収強度の減少を反映して，下向きのピークとして現れる．

さらに時間が経過すると IVR が進み，また熱浴との間のエネルギー移動も起こる．この時間スケールはだいたいピコ秒程度である．一方，3.5 節で考察した発光過程や 3.7 節で考察した無放射遷移による基底状態への緩和は，一般にナノ秒のオーダーで起こる．そのため，電子励起状態のまま熱浴との間に準熱平衡状態が達成される（図 3.13 (c)）．このとき系の温度が室温程度であれば，電子基底状態と同様に，励起した分子はほとんど電子励起状態の最低振動状態に分布する．この時点で赤外吸収スペクトルを測定すると，電子基底状態，電子励起状態両方の各振動モードの振動遷移が同時に観測される（図 3.13 (c)）．また差スペクトル（吸光度変化）は，上での考察と同様，電子励起状態の振動吸収が上向きピーク，電子基底状態の吸収が下向きピークとして現れる．すなわち，ポンプ・プローブ法によって得られる時間分解赤外スペクトルには，電子基底状態，電子励起状態両方の振動スペクトル情報が含まれている．以上のことから時間分解赤外の差スペクトルを読むうえで重要な点は，上向きのピークが電子励起状態の，下向きのピークが電子基底状態の，それぞれ振動スペクトルとなっているということである．

このことは，時間分解赤外スペクトル測定が，電子励起状態だけなく，電子基底状態の振動スペクトル測定にも有効な手段であることを示している．とくに溶媒にわずかに溶けた溶質の振動スペクトルを測定する場合，一般の赤外吸収スペクトル測定では，多量にある溶媒分子の強い赤外吸収が存在するため，たとえ溶媒のスペクトルとの差をとったとしても，溶質のみのスペクトルを得ることは難しい．一方，時間分解赤外測定では，ポンプ光を吸収した分子の変

コラム4

振動エネルギー再分配と振動モード励起反応の直接観測

時間分解赤外分光は，ポンプ光に可視または紫外光，プローブ光に中赤外光を用いたポンプ・プローブ法によって行われる．ここでもしポンプ光に中赤外光を用いれば，振動励起によってひき起こされる過程を観測することができる．そのような測定例として，ゼオライト（アルミニウムとケイ素の結晶性酸化物）細孔中の表面ヒドロキシ基にさまざまな分子を吸着させ，その振動誘起過程を追跡した一連の研究がある．たとえば重水（D_2O）を吸着した系では，孤立したヒドロキシ基を振動励起した後，水素結合をした別のヒドロキシ基へ振動エネルギーが再分配される様子が実時間で捉えられている [1]．一方，同じ部位にイソブテン（$(CH_3)_2C{=}CH_2$）を吸着した系では，ヒドロキシ基を振動励起した後，何らかの中間種が生成した後，イソブテンの脱離が 100 ps ほどかかって起こる過程が観測されている [2]（図）．このように赤外パルスをポンプ光に用いた時間分解赤外分光法は，振動モード間の結合，振動誘起による動的過程を観測する強力な手段となる．そのため現在では，二次元赤外分光として，タンパク質のような複雑な分子にも応用されている [3]．

[1] T. Fujino, M. Kashitani, K. Onda, A. Wada, K. Domen, C. Hirose, M. Ishida, F. Goto, S. S. Kano: *J. Chem. Phys.*, **109**, 2460 (1998).
[2] K. Onda, K. Tanabe, H. Noguchi, K. Domen, A. Wada: *J. Phys. Chem. B*, **107**, 11391 (2003).
[3] P. Hamm, M. Zanni: "Concept and Methods of 2D Infrared Spectroscopy", Cambridge University Press (2011).

化のみを差分のかたちで測定するため，ポンプ光を吸収しない溶媒分子の信号は妨げにならない．また，強い赤外パルスレーザーから得られるプローブ光がほんのわずかでも透過していれば，より正確

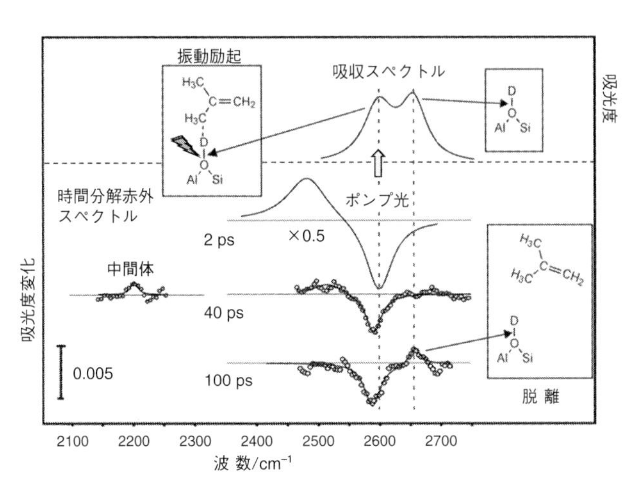

図 イソブテンが吸着したゼオライトヒドロキシ基（OD）を直接振動励起した後に起こる時間分解赤外スペクトル変化［K. Onda, *et al.*, *J. Phys. Chem. B*, **107**, 11394（2003）］

2 ps では 2480 cm^{-1} に振動励起状態からの吸収（$v=1\rightarrow v=2$）が見られるが，40 ps ではこれが消失し，代わりに 2200 cm^{-1} に中間体の新しい吸収が現れている．さらに 100 ps では，裸のヒドロキシ基の吸収が 2670 cm^{-1} に現れており，これはイソブテンが脱離したことを示している．

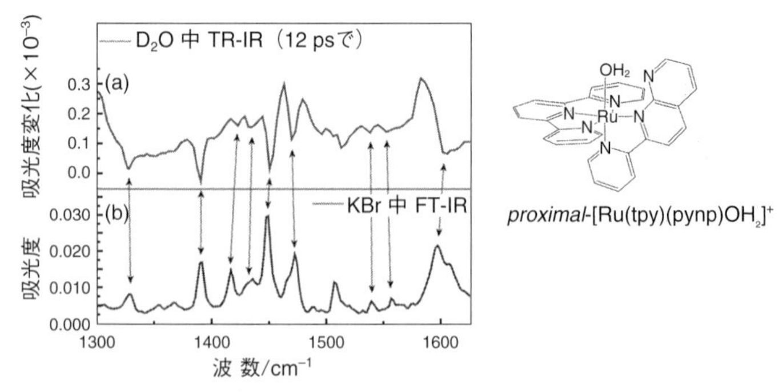

図 3.14　*proximal*-$[Ru(tpy)(pynp)OH_2]^+$ の赤外振動スペクトル
(a) 水溶液中の TR-IR スペクトル，(b) KBr 中の FT-IR スペクトル.

には，高感度の赤外検出器に反応がある程度の透過光強度があれば，純粋な溶質のスペクトルを電子励起状態，電子基底状態ともに得ることができる．

図 3.1 (a) は，そのような測定例の一つである [3.15]．これは図右に示した金属錯体試料の $1.3 \times 10^{-3}\,\mathrm{mol\,L^{-1}}$ 水溶液の時間分解赤外スペクトルである．なお溶媒の水は重水（D_2O）を用いている．水は強く赤外光を吸収し，また強い水素結合によりブロードな吸収バンドを与えるため，一般に水溶液の赤外吸収スペクトル測定は困難とされる．しかし，図 3.14 (a) では錯体試料の数多くの振動ピークが観測されているのがわかる．さらに比較のため図 3.14 (b) には，KBr 錠剤法によって測定した錯体の基底状態の赤外スペクトルを示す．このスペクトルのピーク位置と時間分解赤外（図 3.14 (a)）の下向きのピーク位置がよく一致していることから，水溶液中でも基底状態の赤外振動スペクトルが測定できているといえる．同時にこれらのスペクトルに大きな違いがないことは，この錯体が水溶液

中でも固体中でも電子状態，分子構造に大きな違いがないことを示している．以上のことから，時間分解赤外分光は希薄溶液中の電子励起状態のみならず電子基底状態の振動スペクトル測定にも有効な手段であるといえる．

ここで図 3.13 に戻ると，(c) の準熱平衡状態からは，ナノ秒程度の時間スケールで，上で述べた発光，無放射遷移を経て，ほぼすべての分子は電子基底状態へと緩和し，最終的に外見上変化が見えない熱平衡状態となる（図 3.13 (d)）．このときの時間分解赤外スペクトルは光励起前と同じとなり，差スペクトルはどの波数でもゼロとなる．以上，光励起直後から熱平衡状態となるまでの分子の状態変化と観測される時間分解赤外スペクトルを，単純なモデル系を用い，その理論的背景も含めて少し詳しく説明した．これは時間分解赤外スペクトル，ひいては実際の光反応や光機能を理解するうえで基本となる考え方であるので覚えておいてほしい．次章では，ここまで無視してきた複数の電子励起状態間で起こる現象について解説する．

Appendix

時間を含む摂動論の式の導出

本章および以降の章で示すように，時間分解赤外分光により観測される多くの光励起過程は，時間を含む摂動論およびそこから導かれるフェルミの黄金則をもとにして理解される．それゆえ，ここでは時間含む摂動論の式をていねいに導出しておく．

まず摂動項として 1 より十分小さく時間に依存する $\lambda(t)$ を導入する．さらに，

$$\lambda(t) = \lambda\,\mathrm{e}^{\varepsilon t} \qquad \begin{cases} \lambda(0) = \lambda \\ \lambda(-\infty) = 0 \end{cases} \tag{3.A1}$$

とおく．これは$t=-\infty$からゆっくり摂動が掛かることを示している．また$\mathrm{e}^{\varepsilon t}$は，後の計算を簡単にするために導入している．この摂動を含んだハミルトニアンとシュレーディンガー方程式は以下のように書ける．

$$H = H_0 + \lambda(t)H^{'} \tag{3.A2}$$

$$H\psi = i\hbar\frac{\partial\psi}{\partial t} \tag{3.A3}$$

ここで摂動の掛かる前の定常状態の固有関数，固有値をそれぞれϕ_i，E_iとしておく．摂動が掛かった後の波動関数ψが，この固有関数の和で表されると考えると

$$\psi = \sum_i a_i(t)\phi_i\,\mathrm{e}^{-iE_it/\hbar} \tag{3.A4}$$

と書ける．式(3.A4)および(3.A2)を式(3.A3)に代入して積の微分の公式を用いて整理すると

$$\begin{aligned}\sum_i i\hbar\phi_i\,\mathrm{e}^{-iE_it/\hbar}\frac{\mathrm{d}}{\mathrm{d}t}a_i(t) + \sum_i i\hbar\phi_i a_i(t)\frac{\mathrm{d}}{\mathrm{d}t}\,\mathrm{e}^{-iE_it/\hbar}\\ = \sum_i a_i(t)(H_0+\lambda(t)H')\phi_i\,\mathrm{e}^{-iE_it/\hbar}\end{aligned} \tag{3.A5}$$

となる．ここで式を見やすくするため

$$\frac{\mathrm{d}}{\mathrm{d}t}a_i(t) = \dot{a}(t) \tag{3.A6}$$

とおき，さらに定常状態の固有値と固有関数の関係

$$H_0\phi_i = E_i\phi_i \tag{3.A7}$$

を用いると

$$\sum_i i\hbar\dot{a}_i(t)\phi_i\,\mathrm{e}^{-iE_it/\hbar} = \sum_i a_i(t)\lambda(t)H'\phi_i\,\mathrm{e}^{-iE_it/\hbar} \tag{3.A8}$$

と書ける．次に，左から固有関数 ϕ_k^* を掛け全空間で積分すると

$$i\hbar\dot{a}_k(t)\,\mathrm{e}^{-iE_kt/\hbar} = \sum_i a_i(t)\langle k|\lambda(t)H'|i\rangle\,\mathrm{e}^{-iE_it/\hbar} \tag{3.A9}$$

となる．ここでは固有関数の直交性

$$\langle k|i\rangle = \delta_{ki} \tag{3.A10}$$

を用いた．ここで δ_{ki} は，クロネッカー（Kronecker）のデルタ（$\delta_{ki}=1$（$k=i$），$\delta_{ki}=0$（$k\neq i$））である．式(3.A9) を整理すると

$$\dot{a}_k(t) = \frac{1}{i\hbar}\sum_i a_i(t)\langle k|\lambda(t)H'|i\rangle\,\mathrm{e}^{i(E_k-E_i)t/\hbar} \tag{3.A11}$$

となる．この式は本文の式(3.2) であり，摂動項に依存しない式となっている．

さて $a_i(t)$ は，式(3.A4) で定義したように，摂動を受けた波動関数 ψ に無摂動の各固有関数 ϕ_i がどの程度の割合で混ざっているかを示す係数であった．式(3.A11) はその時間に対する微分係数を表している．そこで，この係数 $a_i(t)$ の値を調べるため $a_i(t)$ を λ についてべき級数展開する．

$$a_i(t) = a_i^{(0)}(t) + \lambda a_i^{(1)}(t) + \lambda^2 a_i^{(2)}(t) + \cdots \tag{3.A12}$$

さらに，式(3.A11) に代入し 1 次の項まで示すと，$\lambda(t)=\lambda\,\mathrm{e}^{\varepsilon t}$ を用いて，

$$
\begin{aligned}
&\dot{a}_k^{(0)}(t) + \lambda \dot{a}_k^{(1)}(t) + \cdots \\
&\quad = \frac{\lambda}{i\hbar} \sum_i a_i^{(0)}(t) \langle k | \mathrm{e}^{\varepsilon t} H' | i \rangle \, \mathrm{e}^{i(E_k - E_i)t/\hbar} \\
&\qquad + \frac{\lambda^2}{i\hbar} \sum_i a_i^{(1)}(t) \langle k | \mathrm{e}^{\varepsilon t} H' | i \rangle \, \mathrm{e}^{i(E_k - E_i)t/\hbar} \\
&\qquad + \cdots
\end{aligned} \tag{3.A13}
$$

となる．この式が λ によらず常に成り立つためには

$$
\begin{aligned}
&\dot{a}_k^{(0)}(t) = 0 \\
&\dot{a}_k^{(1)}(t) = \frac{1}{i\hbar} \sum_i a_i^{(0)}(t) \langle k | \mathrm{e}^{\varepsilon t} H' | i \rangle \, \mathrm{e}^{i(E_k - E_i)t/\hbar} \\
&\quad \vdots
\end{aligned} \tag{3.A14}
$$

でなければならない．ここで，$t = -\infty$ のとき，系が無摂動な状態 ϕ_i にあったとすると

$$
a_n^{(0)}(-\infty) = 1, \qquad a_k^{(0)}(-\infty) = 0 \qquad (k \neq n) \tag{3.A15}
$$

と書ける．さらに式(3.A14) の $\dot{a}_k^{(0)}(t) = 0$ から時間によらずに

$$
a_n^{(0)} = 1, \qquad a_k^{(0)} = 0 \qquad (k \neq n) \tag{3.A16}
$$

が成り立つ．そのため一次摂動の項は

$$
\dot{a}_k^{(1)}(t) = -\frac{i}{\hbar} \langle k | \mathrm{e}^{\varepsilon t} H' | n \rangle \, \mathrm{e}^{i(E_k - E_n)t/\hbar} \tag{3.A17}
$$

と書ける（なお，ここでは $1/i = -i$ の関係も用いた）．

ここからは $k \neq n$ の場合と $k = n$ の場合に分けて考える．まず $k \neq n$ の場合，式(3.A17) は

$$\dot{a}_k^{(1)}(t) = -\frac{i}{\hbar}\langle k|H'|n\rangle\, \mathrm{e}^{\varepsilon t + i(E_k - E_n)t/\hbar} \tag{3.A18}$$

と変形できる．さらに両辺を積分して

$$a_k^{(1)}(t) = -\frac{i}{\hbar}\langle k|H'|n\rangle \lim_{R\to-\infty}\int_R^t \mathrm{e}^{\varepsilon t + i(E_k - E_n)t/\hbar}\,\mathrm{d}t \tag{3.A19}$$

さらに極限をとると，

$$a_k^{(1)}(t) = -\frac{i}{\hbar}\langle k|H'|n\rangle \frac{\mathrm{e}^{\varepsilon t + i(E_k - E_n)t/\hbar}}{\varepsilon + i(E_k - E_n)/\hbar} \tag{3.A20}$$

が得られる．$t=0$ 付近の値を求めるために $\varepsilon\to 0$ とすれば，

$$a_k^{(1)}(t) = \langle k|H'|n\rangle \frac{\mathrm{e}^{i(E_k - E_n)t/\hbar}}{E_n - E_k} \tag{3.A21}$$

が得られる．

次に $k=n$ の場合，式(3.A17) は

$$\dot{a}_n^{(1)}(t) = -\frac{i}{\hbar}\langle n|H'|n\rangle\, \mathrm{e}^{\varepsilon t} \tag{3.A22}$$

と書ける．同様に両辺を積分すれば

$$a_n^{(1)}(t) = -\frac{i}{\hbar}\langle n|H'|n\rangle \frac{\mathrm{e}^{\varepsilon t}}{\varepsilon} \tag{3.A23}$$

が得られる．しかし，この式は $\varepsilon\to 0$ とすると発散してしまう．そこでもう一度，摂動のかたちによらない式(3.A11) に戻って考えよう．$k=n$ の場合，初期状態 $t=-\infty$ で他の固有状態からの寄与が十分小さいと見なして無視すると

$$\dot{a}_n(t) = -\frac{i}{\hbar} a_n(t) \langle n|\mathrm{e}^{\varepsilon t} H'|n\rangle \tag{3.A24}$$

と書ける．ここではべき級数展開は必要ないので $\lambda=1$ とした．さらに $a_n(t)$ を左辺にまとめて微分の記号をもとに戻すと

$$\frac{1}{a_n(t)} \frac{\mathrm{d}a_n(t)}{\mathrm{d}t} = -\frac{i}{\hbar} \langle n|\mathrm{e}^{\varepsilon t} H'|n\rangle \tag{3.A25}$$

が得られる．この式の両辺を t で積分すると

$$\begin{aligned} \int \frac{1}{a_n(t)} \frac{\mathrm{d}a_n(t)}{\mathrm{d}t}\,\mathrm{d}t &= -\frac{i}{\hbar} \langle n|\mathrm{e}^{\varepsilon t} H'|n\rangle \int \mathrm{d}t \\ \ln a_n(t) &= -\frac{i}{\hbar} \langle n|\mathrm{e}^{\varepsilon t} H'|n\rangle t + C \\ a_n(t) &= \mathrm{e}^{-i\langle n|\mathrm{e}^{\varepsilon t} H'|n\rangle t/\hbar + C} \end{aligned} \tag{3.A26}$$

ここで $t=-\infty$ のとき $a_n^{(0)}(-\infty)=1$ なので積分定数 $C=0$．ここでふたたび $t=0$ 付近の値を求めるために $\varepsilon\to 0$ とすれば，

$$a_n(t) = \mathrm{e}^{-i\langle n|H'|n\rangle t/\hbar} \tag{3.A27}$$

が得られる．

ここで，時間を含む摂動を受けた系の波動関数 ψ は，初期状態の固有値 E_n，固有関数 ϕ_n，および摂動により混ざってくる固有値 E_i，固有関数 ϕ_i を用いて

$$\psi = a_n(t)\,\mathrm{e}^{-iE_n t/\hbar} \phi_n + \sum_{i\neq n} a_i(t)\,\mathrm{e}^{-iE_i t/\hbar} \phi_i \tag{3.A28}$$

と表すことができるので，$k\neq n$ の結果（式(3.A21)）および $k=n$ の結果（式(3.A27)）を代入すれば，

$$\psi = \mathrm{e}^{-i(E_n+\langle n|H'|n\rangle)t/\hbar}\phi_n + \sum_{i\neq n}\langle i|H'|n\rangle\frac{\mathrm{e}^{-iE_n t/\hbar}}{E_n - E_i}\phi_i \tag{3.A29}$$

が得られる．この式が本文の式(3.4) である．この式の意味は，初期状態 $t=-\infty$ で $\psi=\phi_n$，$E=E_n$ であった状態から摂動が加わることによって，別の無摂動の固有関数 ϕ_i がこの式に従って混ざってくることを示している．また固有値は $E_n+\langle n|H'|n\rangle$ であるので定常状態の摂動の式(2.15) と同じである．

第4章

光励起に伴う物理的過程

4.1　電子励起状態間の相互作用

前章では，電子基底状態のほかに電子励起状態が1つだけ存在するとして，光励起後，分子内で起こる過程を考察してきた．しかし実際の分子では，近いエネルギーに複数の電子励起状態が存在する．ここでは，そのような電子励起状態間の相互作用を考える．同一スピン多重度内の内部転換，異なるスピン多重度間の項間交差のような光物理的過程は，このような電子状態間の相互作用によって理解することができる．またこれらの過程が時間分解赤外スペクトルにどのように現れるかについても解説する．

4.2　電子状態間遷移の時間変化

これ以降考察する電子状態間遷移の考え方は，3.7節で電子基底状態との相互作用を扱ったものと基本的に同じであるが，より一般化したモデルを考える．はじめに図4.1に示すようにある始状態（明状態）sと，それと相互作用をしているたくさんの終状態（暗状態）i（$i = 0, \pm1, \pm2, \cdots$）を考える．これまでと同様に，始状態と終状態を，相互作用のない定常状態の固有関数（ϕ）と固有値（E）とする．

始状態：ϕ_{s}，E_{s}

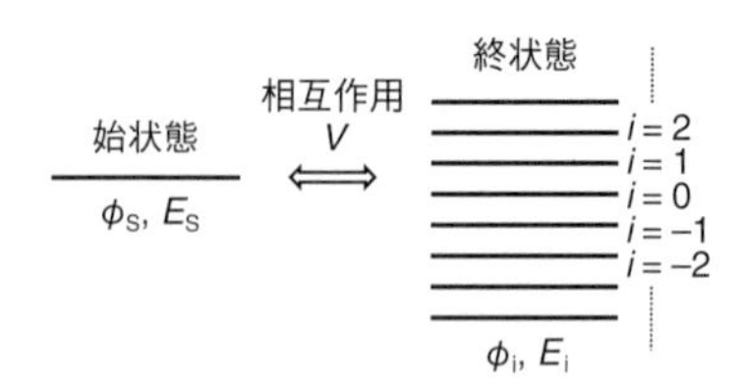

図 4.1　電子状態間遷移の一般化されたモデル

終状態：ϕ_i, $E_i = E_s - \alpha + i\varepsilon$

ここで，α は始状態 s と終状態 $i = 0$ とのエネルギー差（$\alpha = E_s - E_0$），ε は等間隔に並ぶ終状態間のエネルギー差である．さらに始状態と終状態の相互作用はすべて同じ V であるとし，終状態どうしの相互作用はないものとする．Bixon と Jortner はこのような系において，始状態から終状態への遷移の時間変化を求めた [4.1, 4.2]．まずはじめに n 番目の定常解 ψ_n を，始状態と終状態の波動関数の線形結合として表す．

$$\psi_n = a_n\phi_s + \sum_i b_i^n \phi_i \tag{4.1}$$

この係数 a_n の 2 乗は永年方程式と係数に関する規格化条件から以下のように求められる．

$$|a_n|^2 = \frac{V^2}{(E_n - E_s)^2 + V^2 + (\pi V^2 \rho)^2} \tag{4.2}$$

ここで E_n は ψ_n のエネルギー，ρ は状態密度 $\rho = 1/\varepsilon$ である．この式は $|a_n|^2$ がエネルギーに対してローレンツ（Lorentz）型の分布をすることを示している．ここで時間発展する波動関数 $\Psi(t)$ を ψ_n の線形結合で表す．

$$\Psi(t) = \sum_n c_n \psi_n \exp\left(\frac{-iE_n t}{\hbar}\right) \tag{4.3}$$

さらに時間 $t=0$ で分子が始状態 ϕ_s にあったとすると $c_n = a_n$ となるので，

$$\Psi(t) = \sum_n a_n \psi_n \exp\left(\frac{-iE_n t}{\hbar}\right) \tag{4.4}$$

と書ける．この式を使って時間 t において分子が ϕ_s に見出される確率 $|\langle\phi_\mathrm{s}|\Psi(t)\rangle|^2$ を 2 つの条件で求める．1 つ目は終状態の状態密度 ρ が非常に大きい場合であり，この場合は積分の公式を使うことができるので，

$$|\langle\phi_\mathrm{s}|\Psi(t)\rangle|^2 = \exp\left(-\frac{2\pi\rho V^2 t}{\hbar}\right) \tag{4.5}$$

が得られる．もう一つの条件は ρ が小さい場合で，この場合は個々の状態に対して計算する必要があるため，

$$|\langle\phi_\mathrm{s}|\Psi(t)\rangle|^2 = \sum_m \sum_n |a_m|^2 |a_n|^2 \exp\left\{-\frac{i(n-m)t}{\hbar\rho}\right\} \tag{4.6}$$

となる．

ここでそれぞれの条件における物理的意味を考える．まず終状態の状態密度が高い場合，始状態の存在確率は指数関数的に減少し，その寿命 τ は

$$\tau = \frac{\hbar}{2\pi\rho V^2} \tag{4.7}$$

で表される．これは，始状態，すなわち最初に光励起で生じた明状態の寿命が，終状態の状態密度と相互作用の 2 乗に反比例して短く

なることを示している．このような場合を統計的限界とよび，3.7 節で述べた基底状態への無放射遷移はこの条件に当てはまる．また電子励起状態間の遷移でも，原子数の多い（＝振動モードが多い）分子で 2 つの状態間のエネルギー差が大きい場合，遷移先となる暗状態の振動準位密度が十分に高くなり，この条件に当てはまることが予想される．一方，終状態の密度が低い場合，複雑な減衰を示し，

$$\tau = \hbar\rho \tag{4.8}$$

の周期でもとに戻る．これは 3.4 節で説明した連成振り子と同じであり，共鳴限界とよばれる．このような現象は，孤立状態の小分子で観測されることがある．

4.3　ボルン–オッペンハイマー近似

次に相互作用 V について考える．しかしそのためには，これまで始状態，終状態としてきた相互作用のない固有状態がどのようなものであるかを知る必要がある．最初にも述べたように多体系である分子の運動方程式を解析的に解くことはできない．そのために何らかの近似法に基づいた扱いが必要となる．ここでは分子の状態を示すのにしばしば用いられるボルン–オッペンハイマー（Born–Oppenheimer）近似について述べる．なおオリジナルな Born と Oppenheimer の理論は複雑なものであり [4.3]，また文献によって異なる意味で使われることも多いが [4.4, 4.5]，ここでは一般的な量子力学の教科書 [4.6] に従ってその考え方を説明する．

分子は，いくつかの原子核と，それらと互いにクーロン（Coulomb）力により束縛された多数の電子から成り立っている．そこで，電子の質量（m_e）と核の質量（m_N）の大きな違い（$m_\mathrm{e}/m_\mathrm{N} \sim 10^{-4}$）

に基づく大きな運動エネルギー差を利用して，これらの運動を分離して扱ってみよう．ここで，ボルン–オッペンハイマーのパラメーターとして，次の κ を定義する．

$$\kappa = \left(\frac{m_{\mathrm{e}}}{m_{\mathrm{N}}}\right)^{\frac{1}{4}} \sim 0.1 \tag{4.9}$$

これを用いると電子 E_{el}，振動 E_{vib}，回転の E_{rot} は

$$E_{\mathrm{rot}} \sim \kappa^2 E_{\mathrm{vib}} \sim \kappa^4 E_{\mathrm{el}} \tag{4.10}$$

となる．Born と Oppenheimer は分子のハミルトニアンを κ のべき乗で展開し，摂動法を用いることによって，分子の全エネルギー（E）が次のように電子，振動，回転エネルギーの和で表されることを示した．

$$E = E_{\mathrm{el}} + E_{\mathrm{vib}} + E_{\mathrm{rot}} \tag{4.11}$$

またその場合の分子の全波動関数（Ψ）は電子，振動，回転の波動関数の積として表される．

$$\Psi = \phi_{\mathrm{el}}\phi_{\mathrm{vib}}\phi_{\mathrm{rot}} \tag{4.12}$$

このように分子のエネルギー，波動関数を扱う手法をボルン–オッペンハイマー近似という．しかし，実際の分子の量子状態では電子と核の運動を完全に分離することはできない．そこで，そのような量子状態を扱うため，ゼロ次近似としてボルン–オッペンハイマー近似を用い，その電子波動関数と核波動関数との相互作用を摂動的に取り入れた取扱いをする．

はじめにもととなるボルン–オッペンハイマー近似の波動関数から

求めよう．分子の全ハミルトニアン H は電子 q と核 Q の位置座標を用いて次のように書ける．

$$H(q, Q) = T_{\mathrm{el}}(q) + T_{\mathrm{N}}(Q) + U(q, Q) \tag{4.13}$$

$T_{\mathrm{el}}(q)$ は電子の運動エネルギー演算子，$T_{\mathrm{N}}(Q)$ は核の運動エネルギー演算子，$U(q, Q)$ は電子と核のポテンシャルエネルギー演算子である．このうち運動エネルギー演算子はそれぞれ

$$T_{\mathrm{el}}(q) = -\sum_i \frac{\hbar^2}{2m_{\mathrm{e}}} \frac{\partial^2}{\partial q_i^2} \tag{4.14}$$

$$T_{\mathrm{N}}(Q) = -\sum_k \frac{\hbar^2}{2\mu_k} \frac{\partial^2}{\partial Q_k^2} \tag{4.15}$$

と書ける．ここで m_{e} は電子の質量，μ_k は k 振動モードの換算質量を表す．一方，回転を無視したボルン–オッペンハイマー近似の波動関数を，

$$\Psi(q, Q) = \phi^{\mathrm{el}}(q, Q)\phi^{\mathrm{vib}}(Q) \tag{4.16}$$

とする．するとシュレーディンガー方程式は

$$H(q, Q)\Psi(q, Q) = E\Psi(q, Q) \tag{4.17}$$

となる．このシュレーディンガー方程式は2つの部分に分けて解くことができる．一つは核配置 Q における電子の運動で，方程式は

$$\{T_{\mathrm{el}}(q) + U(q, Q)\}\phi_n^{\mathrm{el}}(q, Q) = E_n(Q)\phi_n^{\mathrm{el}}(q, Q) \tag{4.18}$$

となる．これを解くことによって，電子状態 n における固有関数 $\phi_n^{\mathrm{el}}(q, Q)$ および固有エネルギー $E_n(Q)$ が得られる．もう一方は，

ここで得られた $E_n(Q)$ が核の運動を支配するポテンシャルとなっていることを用いて，核の運動を表す方程式を

$$\{T_{\mathrm{N}}(Q)+E_n(Q)\}\phi_{nv}^{\mathrm{vib}}(Q)=E_{nv}\phi_{nv}^{\mathrm{vib}}(Q) \tag{4.19}$$

とする．これを解いて，電子状態 n における振動状態 v の固有関数 $\phi_{nv}^{\mathrm{vib}}(Q)$，固有エネルギー E_{nv} を得る．これらをまとめるとボルン–オッペンハイマー近似の波動関数 $\Psi_{nv}^{\mathrm{BO}}(q,Q)$ は

$$\Psi_{nv}^{\mathrm{BO}}(q,Q)=\phi_n^{\mathrm{el}}(q,Q)\phi_{nv}^{\mathrm{vib}}(Q) \tag{4.20}$$

となる．さらに電子波動関数に対する核の運動の影響を摂動として取り扱うと，ボルン–オッペンハイマー近似の破れた波動関数（$\Psi_{nv}^{n\mathrm{BO}}$）は

$$\begin{aligned}\Psi_{nv}^{n\mathrm{BO}}&(q,Q)\\ &=\Psi_{nv}^{\mathrm{BO}}(q,Q)\\ &\quad+\sum_{m,u}\frac{\langle\Psi_{mu}^{\mathrm{BO}}(q,Q)|T_{\mathrm{N}}(Q)|\Psi_{nv}^{\mathrm{BO}}(q,Q)\rangle}{E_{nv}-E_{mu}}\Psi_{mu}^{\mathrm{BO}}(q,Q)\\ &\quad+\cdots\end{aligned} \tag{4.21}$$

で求められる．以下，このボルン–オッペンハイマー近似の波動関数（式(4.20)）をもとにして，電子状態間の相互作用を考察していく．

4.4　振電相互作用と内部転換

ここではボルン–オッペンハイマー近似から得られる固有状態をゼロ次近似とし，電子の運動が核の運動から弱い相互作用（摂動）

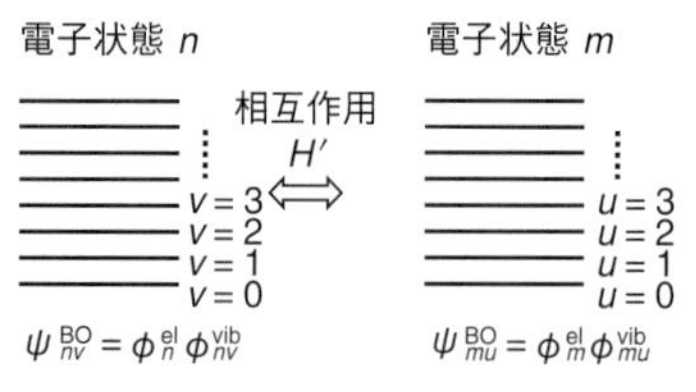

図 4.2　振電相互作用のモデル

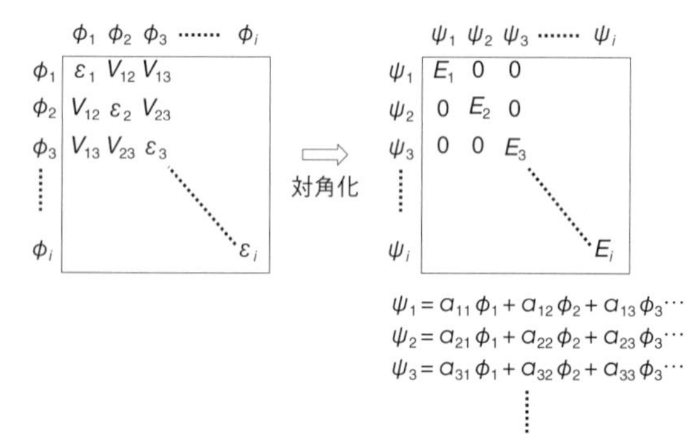

図 4.3　固有状態間相互作用の行列力学による取扱い

を受けた場合の固有状態を具体的に求める．イメージとしては，図 4.2 のように電子状態 n，m の間に相互作用（H'）が存在する場合である．このような固有状態間の相互作用は，行列力学による取扱いが便利である．詳細は量子力学の教科書 [4.7] などを参照してほしいが，なじみのない読者のためにここでは概要を説明しておく．まず規格直交化された同一の固有関数（ϕ_i）を行列の行と列に並べる（図 4.3）．このような固有関数のセットを基底関数とよぶ．次に行列要素のうち対角要素には，各固有関数に対応する固有値（ε_i）を入れる．このとき，どの異なる固有状態間にも相互作用がないとすれば非対角要素はすべてゼロとなる．一方，異なる固有状態間に相互作用がある場合は，対応する非対角要素に，相互作用演算子をそれぞれの固有関数で挟んで積分した値（V_{ij}）を入れる．この行列から（定常状態における）新しい固有関数，固有値を求めるには，行列の対角化を行えばよい．その結果，新しい固有関数（ψ_i）は，もとの固有関数の線形結合で表され，固有値はその対角要素の値（E_i）として得られる．

この方法を，核の運動によって生じる電子状態間相互作用を求めるのに適用してみよう [3.1, 4.2, 4.8–11]．このような相互作用を振電相互作用とよぶ．まず基底関数としてボルン–オッペンハイマー近似で求めた波動関数，すなわち $\Psi_{nv}^{\mathrm{BO}}(q,Q)$ のすべての n，v の組合せを用いる．次に，電子状態 n，m 間の相互作用を生み出す摂動項 H' として，ボルン–オッペンハイマー近似の取扱いで無視した電子と核の振動との相互作用を考える．

$$
\begin{aligned}
H'\Psi_{nv}^{\mathrm{BO}}(q,Q) = -\sum_k \frac{\hbar^2}{2\mu_{\mathrm{k}}}\Biggl\{&2\frac{\partial\phi_n^{\mathrm{el}}(q,Q)}{\partial Q_{\mathrm{k}}}\frac{\partial\phi_{nv}^{\mathrm{vib}}(Q)}{\partial Q_{\mathrm{k}}} \\
&+\frac{\partial^2\phi_n^{\mathrm{el}}(q,Q)}{\partial Q_k^2}\phi_{nv}^{\mathrm{vib}}(Q)\Biggr\}
\end{aligned}
\tag{4.22}
$$

ここで，Ψ_{nv}^{BO}，ϕ_n^{el}，ϕ_{nv}^{vib} は，式(4.20) に示したボルン–オッペンハイマー近似の波動関数である．式(4.22) のカッコ内の第 2 項は，核配置座標（Q）に対して 2 次であるため，十分小さいとして無視すると

$$
H'\Psi_{nv}^{\mathrm{BO}}(q,Q) = -\sum_k \frac{\hbar^2}{2\mu_k}\left\{2\frac{\partial\phi_n^{\mathrm{el}}(q,Q)}{\partial Q_k}\frac{\partial\phi_{nv}^{\mathrm{vib}}(Q)}{\partial Q_k}\right\} \tag{4.23}
$$

となる．次に相互作用を表す行列要素は，左から別のボルン–オッペンハイマー近似の波動関数 Ψ_{mu}^{BO} を掛けて積分したものになるので，

$$
\begin{aligned}
&\langle \Psi_{mu}^{\mathrm{BO}} | H' | \Psi_{nv}^{\mathrm{BO}} \rangle \\
&\quad = -2 \sum_k \frac{\hbar^2}{2\mu_k} \left\langle \phi_{mu}^{\mathrm{vib}}(Q) \middle| \left\langle \phi_m^{\mathrm{el}}(q,Q) \middle| \frac{\partial}{\partial Q_k} \middle| \phi_n^{\mathrm{el}}(q,Q) \right\rangle_q \times \right. \\
&\qquad\quad \left. \frac{\partial}{\partial Q_k} \middle| \phi_{nv}^{\mathrm{vib}}(Q) \right\rangle_Q
\end{aligned}
\tag{4.24}
$$

と書ける．相互作用した定常状態の固有関数，固有エネルギーは，この行列要素をもつ行列を対角化することによって得られる．しかしその結果は非常に複雑なものになるので，ここではこの行列要素の中身を考えて，どの状態とどの状態がどのような相互作用をするかを調べよう．

はじめに電子波動関数（ϕ^{el}）の積分部分，

$$
\left\langle \phi_m^{\mathrm{el}}(q,Q) \middle| \frac{\partial}{\partial Q_k} \middle| \phi_n^{\mathrm{el}}(q,Q) \right\rangle_q \tag{4.25}
$$

について考える．前節で電子波動関数を求めたシュレーディンガー方程式（式(4.18)）において，核の位置座標 Q に依存するポテンシャルエネルギー（$U(q,Q)$）を，平衡位置 Q_0 の付近でべき級数展開すれば

$$
U(q,Q) = U(q,Q_0) + \sum_k \left(\frac{\partial U(q,Q)}{\partial Q_k} \right)_{Q_0} Q_k + \cdots \tag{4.26}
$$

となる．なおこのように核の変位でべき級数展開することを Herzberg–Teller 展開とよぶ．この1次の項を摂動と見なして，定常状態の摂動論の式(2.16) を用いれば，電子波動関数は

$$
\begin{aligned}
&\phi_n^{\mathrm{el}}(q, Q) \\
&\quad = \phi_n^{\mathrm{el}}(q, Q_0) \\
&\qquad + \sum_{m \neq n} \frac{\langle \phi_m^{\mathrm{el}}(q, Q_0) | (\partial U(q, Q) / \partial Q_k)_{Q_0} | \phi_n^{\mathrm{el}}(q, Q_0) \rangle}{E_n(Q_0) - E_m(Q_0)} \times \\
&\qquad \phi_m^{\mathrm{el}}(q, Q_0) + \cdots
\end{aligned}
\tag{4.27}
$$

と書ける．さらにこれを用いれば式(4.25) は，

$$
\begin{aligned}
&\left\langle \phi_m^{\mathrm{el}}(q, Q) \left| \frac{\partial}{\partial Q_k} \right| \phi_n^{\mathrm{el}}(q, Q) \right\rangle_q \\
&\quad = \frac{\langle \phi_m^{\mathrm{el}}(q, Q_0) | (\partial U(q, Q) / \partial Q_k)_{Q_0} | \phi_n^{\mathrm{el}}(q, Q_0) \rangle_q}{E_n(Q_0) - E_m(Q_0)} \\
&\quad = -J_{mn}^k
\end{aligned}
\tag{4.28}
$$

と書き直せる．ここでこの式の右辺を $-J_{mn}^k$ とおいた．

次に，振動の波動関数（ϕ^{vib}）の積分部分

$$
\left\langle \phi_{mu}^{\mathrm{vib}}(Q) \left| \frac{\partial}{\partial Q_k} \right| \phi_{nv}^{\mathrm{vib}}(Q) \right\rangle_Q
\tag{4.29}
$$

を考える．ここでは調和振動子近似が成り立っている（非調和性がない）ものとし，さらに 2 つの電子状態が同じ基準振動で表されるとすれば，核の振動の波動関数 $\phi_{mu}^{\mathrm{vib}}(Q)$，$\phi_{nv}^{\mathrm{vib}}(Q)$ を，それぞれ基準振動の波動関数 X_{mt}，X_{nt} の積として表すことができる．

$$
\phi_{mu}^{\mathrm{vib}}(Q) = \prod_t X_{mt}(x_{mt}^u)
\tag{4.30}
$$

$$
\phi_{nv}^{\mathrm{vib}}(Q) = \prod_t X_{nt}(x_{nt}^v)
\tag{4.31}
$$

ここで t は基準振動モードを表し，x^u_{mt}，x^v_{nt} は振動の量子数である．この式を振動の波動関数の積分項式(4.29) に入れれば，

$$\left\langle \phi^{\mathrm{vib}}_{mu}(Q) \left| \frac{\partial}{\partial Q_k} \right| \phi^{\mathrm{vib}}_{nv}(Q) \right\rangle_Q = \left\langle X_{mk}(x^u_{mk}) \left| \frac{\partial}{\partial Q_k} \right| X_{nk}(x^v_{nk}) \right\rangle \times \prod_{t \neq k} \langle X_{mt}(x^u_{mt}) | X_{mt}(x^v_{nt}) \rangle = F^k_{mu,nv} \tag{4.32}$$

と書ける．ここで右辺の値を $F^k_{mu,nv}$ とおいた．以上により行列要素は，振動モード k ごとの電子項 J^k_{mn} と振動項 $F^k_{mu,nv}$ の積の和を振動モード全体で取ったものになる．

$$\langle \Psi^{\mathrm{BO}}_{mu} | H' | \Psi^{\mathrm{BO}}_{nv} \rangle = \sum_k \frac{\hbar^2}{\mu_k} J^k_{mn} F^k_{mu,nv} \tag{4.33}$$

この式の物理的意味を考えてみよう．上で述べたように行列要素は，摂動項 (H') によって生じるボルン–オッペンハイマー近似波動関数間の相互作用の大きさを表している．まず電子項 J^k_{mn} についてみると，式(4.28) からこの値は電子状態間のエネルギー差 $E_n - E_m$ の逆数に比例している．このことは，電子状態間のエネルギーが近いほど相互作用が大きいこと表している．また式(4.28) の積分部分は，振動モードの核の変位 $\partial/\partial Q$ および2つの電子波動関数 ϕ^{el}_m，ϕ^{el}_n の組合せによりその大きさが決まる．これは核の変位により電子波動関数が変化して誘起される遷移モーメントと見なせる．この積分値がとくに大きな振動モードを促進 (promoting) モードとよぶ [4.12]．そのため和は促進モードだけをとればよい．これを対称性の観点から考えると，促進モード k は，その対称表現 Γ_k と電子状態 n，m の対称表現 Γ_n，Γ_m の直積が全対称となるような振動モー

ドである．

$$\Gamma_n \otimes \Gamma_k \otimes \Gamma_m = \text{全対称} \tag{4.34}$$

さらに振動項 $F^k_{mu,nv}$ を考えると，促進モードの振動波動関数のみ核の変位 $\partial/\partial Q$ を含む積分となり，残りのすべてのモードは，2 つの電子状態の振動波動関数間の積分の積となる．この残りの振動モードを受容（accepting）モードとよぶ．この振動波動関数間の積分は，これまでもしばしば出てきたフランク–コンドン因子である．

以上を踏まえて，（非定常状態における）電子状態間の遷移の起こりやすさを考察してみよう．状態間の遷移確率は，摂動項（H'）の行列要素が求まれば，第 3 章で解説した時間を含む摂動論（フェルミの黄金則）によって計算することができる．なおこのような同一多重度内で起こる電子状態間の遷移を内部転換（internal conversion: IC）とよぶ．ここで得られた式は，これまで見てきたように多くの近似の下に成り立っているため，実際の分子に適用して速度定数を求めることはあまりないが，その傾向を理解するには十分である．まず電子項 J^k_{mn} が，電子状態間のエネルギー差 $E_n - E_m$ の逆数に比例して大きくなることから，2 つの電子状態間のエネルギー差が近いほど遷移は起こりやすくなる．このことは，電子基底状態と電子励起状態の間に比べて，電子励起状態間のほうがエネルギー差は小さく，遷移が高速に起こることを示している．さらにフランク–コンドン因子が含まれるため，遷移速度は 2 つの電子状態ポテンシャル間の位置関係にも依存する．つまり 3.7 節で説明したエネルギーギャップ則に従い，2 つのポテンシャルのエネルギー差が小さいほど（弱結合極限の場合），あるいは交点のエネルギー（図 3.2 の E_{A}）が小さいほど（強結合極限の場合），遷移速度は速くなるといえる．これらの要因により，一般に励起電子状態間の遷移は，電子基底状態との遷移に比べ非常に高速に起こる（$< 100\,\mathrm{fs}$）．そのため，定常状態の発光測定では，たとえ高い電子状態へ励起しても，同一多重度内で最も低い電子励起状態から発光が起こる．この経験則をカーシャ則とよぶ．このことは，内部転換過程を時間分解赤外分光で測定しようとした場合にも問題となる．内部転換の時間スケールが，前章で述べた同一電子状態内の IVR と同程度なことから，内部転換過程では多くの振動準位が励起した状態にある．一方，赤外振動遷移の測定では狭いエネルギー範囲しか観測していないことから，図 3.13 (b) で示したと同様，多くの振動遷移が重なったブロードな吸収スペクトルしか得られない．この場合は，各電子状態の振動状態を広いエネルギー範囲で測定できる紫外可視光をプローブ光に用いた時間分解分光法が有効である．ここで前章の無放射遷移で行った考察との違いについても簡単に述べておく．どちらも電子状態間の遷移であるため，基本的に同じ理論から導かれる．ただし，分子が十分大きい，電子励起状態と電子基底状態のエネルギー差が十分大きいという条件の下，促進モードと受容モードの違いを無視してフランク–コンドン因子の計算のみを行ったのが 3.7 節の理論である．

4.5　項間交差とスピン軌道相互作用

これまでの同一多重度内相互作用と同様の考え方に基づき，次は多重度が異なる電子状態間での相互作用を考える．このような相互作用によって起こる現象としては，一重項電子状態と三重項電子状態間の遷移が挙げられ，項間交差（intersystem crossing: ISC）とよばれる [4.2, 4.8]．ここではおもに芳香族炭化水素を想定した Henry と Siebrand [4.13] の取扱いに基づいて説明する．なお量子化学計算なども利用した最近の項間交差の理論については Marian による

総説 [4.14] を参考にしてほしい．

まず基底関数として，ボルン–オッペンハイマーの波動関数にスピン多重度（s）を考慮に入れた波動関数を考える．

$$ {}^{s}\Psi_{nv}^{\mathrm{BO}}(q,Q) = {}^{s}\phi_{n}^{\mathrm{el}}(q,Q)\phi_{nv}^{\mathrm{vib}}(Q) \tag{4.35} $$

この波動関数はそれぞれの多重度内で規格直交系となっており，総和を取る場合はそれぞれの多重度内で行う．この点が前節の内部転換で用いた基底関数との違いであり，このような波動関数は純スピンボルン–オッペンハイマー波動関数とよばれる．

次に摂動項として，核の運動エネルギー演算子にスピン軌道相互作用の演算子（H_{SO}）を加えたものを考える．

$$ H' = T_{\mathrm{N}}(Q) + H_{\mathrm{SO}} \tag{4.36} $$

H_{SO} の中身については後述するが，ここでは多重度間の相互作用を生じさせる摂動と考えてもらえばよい．さらに波動関数を，Herzberg–Teller 展開の波動関数の式(4.26) の 1 次の項まで用い，相互作用する 2 つの多重度を一重項（$s=1$）と三重項（$s=3$）とすれば，その行列要素は以下のように書ける．

$$
\begin{aligned}
&\left\langle {}^{1}\Psi_{mu}^{\mathrm{BO}} \middle| H' \middle| {}^{3}\Psi_{nv}^{\mathrm{BO}} \right\rangle \\
&\quad = \left\langle {}^{1}\Psi_{mu}^{\mathrm{BO}} \middle| H_{\mathrm{SO}} \middle| {}^{3}\Psi_{nv}^{\mathrm{BO}} \right\rangle \\
&\qquad + \sum_{i} \left(\frac{\left\langle {}^{1}\Psi_{mu}^{\mathrm{BO}} \middle| H_{\mathrm{SO}} \middle| {}^{3}\Psi_{i}^{\mathrm{BO}} \right\rangle \left\langle {}^{3}\Psi_{i}^{\mathrm{BO}} \middle| T_{\mathrm{N}} \middle| {}^{3}\Psi_{nv}^{\mathrm{BO}} \right\rangle}{E_i - E_n} \right) \\
&\qquad + \sum_{j} \left(\frac{\left\langle {}^{1}\Psi_{mu}^{\mathrm{BO}} \middle| T_{\mathrm{N}} \middle| {}^{1}\Psi_{j}^{\mathrm{BO}} \right\rangle \left\langle {}^{1}\Psi_{j}^{\mathrm{BO}} \middle| H_{\mathrm{SO}} \middle| {}^{3}\Psi_{nv}^{\mathrm{BO}} \right\rangle}{E_j - E_n} \right)
\end{aligned}
\tag{4.37}
$$

ここでi, jは，それぞれの同一多重項内におけるすべての波動関数の和を取ることを示す．

さらに，電子部分の波動関数（${}^s\phi_n^{\mathrm{el}}(q,Q)$）と$H_{\mathrm{SO}}$も同様に核の平衡位置$Q_0$の付近でべき級数展開をする．

$$
{}^s\phi_n^{\mathrm{el}}(q,Q) = {}^s\phi_n^{\mathrm{el}}(q,Q_0) + \left(\frac{\partial\ {}^s\phi_n^{\mathrm{el}}(q,Q)}{\partial Q}\right)_{Q_0} Q + \cdots \tag{4.38}
$$

$$
H_{\mathrm{SO}}(Q) = H_{\mathrm{SO}}(Q_0) + \left(\frac{\partial H_{\mathrm{SO}}(Q)}{\partial Q}\right)_{Q_0} Q + \cdots \tag{4.39}
$$

ここでもそれぞれ1次の項までを使えば，行列要素は以下の3つの項に分けることができる．

$$
\left\langle {}^1\Psi_{mu}^{\mathrm{BO}} | H' | {}^3\Psi_{nv}^{\mathrm{BO}} \right\rangle = W_{mu,nv}^{(1)} + W_{mu,nv}^{(2)} + W_{mu,nv}^{(3)} \tag{4.40}
$$

$$
W_{mu,nv}^{(1)} = \left\langle {}^1\phi_m^{\mathrm{el}}(q,Q_0) | H_{\mathrm{SO}}(Q_0) | {}^3\varphi_n^{\mathrm{el}}(q,Q_0) \right\rangle \left\langle \phi_{mu}^{\mathrm{vib}} | \phi_{nv}^{\mathrm{vib}} \right\rangle \tag{4.41}
$$

$$
\begin{aligned}
&W_{mu,nv}^{(2)} \\
&\quad = \left\{ \frac{\partial}{\partial Q} \left\langle {}^1\phi_m^{\mathrm{el}}(q,Q) | H_{\mathrm{SO}}(Q) | {}^3\phi_n^{\mathrm{el}}(q,Q) \right\rangle \right\}_{Q_0} \left\langle \phi_{mu}^{\mathrm{vib}} | Q | \phi_{nv}^{\mathrm{vib}} \right\rangle
\end{aligned} \tag{4.42}
$$

$$
\begin{aligned}
&W_{mu,nv}^{(3)} \\
&\quad = \left\{ \sum_i \left(\frac{\left\langle {}^1\Psi_{mu}^{\mathrm{BO}} | H_{\mathrm{SO}} | {}^3\Psi_i^{\mathrm{BO}} \right\rangle \left\langle {}^3\Psi_i^{\mathrm{BO}} | T_{\mathrm{N}} | {}^3\Psi_{nv}^{\mathrm{BO}} \right\rangle}{E_i - E_n} \right) \right. \\
&\qquad \left. + \sum_j \left(\frac{\left\langle {}^1\Psi_{mu}^{\mathrm{BO}} | T_{\mathrm{N}} | {}^1\Psi_j^{\mathrm{BO}} \right\rangle \left\langle {}^1\Psi_j^{\mathrm{BO}} | H_{\mathrm{SO}} | {}^3\Psi_{nv}^{\mathrm{BO}} \right\rangle}{E_j - E_n} \right) \right\}_{Q_0}
\end{aligned} \tag{4.43}
$$

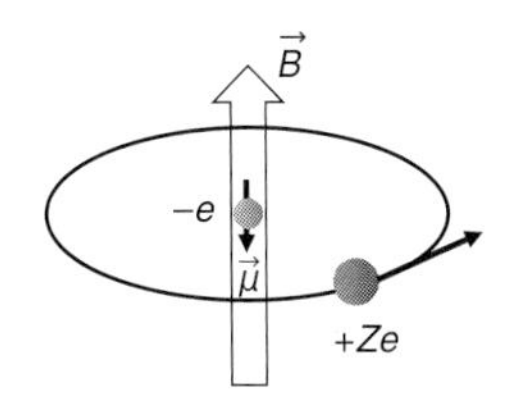

電子から見た核の動き

図 4.4　スピン軌道相互作用の古典的モデル

つまりスピン軌道相互作用は 3 種類の効果の和として表される．そこで次にそれぞれの効果の意味について考えてみよう．

$W^{(1)}_{mu,nv}$ は，一重項と三重項の電子波動関数をスピン軌道相互作用で挟んだ積分と，振動波動関数の重なり $\langle \phi^{\mathrm{vib}}_{mu} | \phi^{\mathrm{vib}}_{nv} \rangle$，すなわちフランク–コンドン因子との積になっている．ここでスピン軌道相互作用演算子（H_{SO}）の中身について考えてみる．まず単純化のために原子核と電子 1 つからなる水素類似原子（核の電荷 $+Ze$）を考える．図 4.4 のように電子から見た核の運動を考えれば，スピン軌道相互作用のエネルギーは，核の軌道運動から生じる磁場 $\vec{B}$ と電子のスピンから生じる磁気モーメント $\vec{\mu}$ との相互作用として表すことができる．この大きさを古典電磁気学に従って書き表せば [3.1, 3.3]

$$\vec{B} \cdot \vec{\mu} = \frac{Ze^2}{4\pi\varepsilon_0 {m_{\mathrm{e}}}^2 c^2 r^3} \vec{\ell} \cdot \vec{s} \tag{4.44}$$

となる．ここで，$\vec{\ell}$ は軌道角運動量 $\vec{\ell} = m_{\mathrm{e}} \vec{r} \times \vec{v}$ であり，$\vec{s}$ はスピン角運動量，ε_0 は真空の誘電率，c は光の速度，r は軌道半径である．さらに軌道角運動量とスピン角運動量をそれぞれ演算子 $\hat{\ell}$，$\hat{s}$ で表し，相対論的効果を入れるため全体を 1/2 とすれば（トーマス

（Thomas）因子）[4.15]，H_{SO} は以下のようになる．

$$H_{\mathrm{SO}} = \frac{Ze^2}{8\pi\varepsilon_0 {m_{\mathrm{e}}}^2 c^2 r^3}\hat{\ell}\cdot\hat{s} \tag{4.45}$$

一例として，この演算子を用いて水素類似原子における1個の電子の波動関数を $\phi_{n\ell mm_{\mathrm{s}}}$（主量子数 n，軌道角運動量量子数 ℓ，磁気量子数 m，スピン磁気量子数 m_{s}）として，スピン軌道相互作用のエネルギー E_{SO} を計算すれば，$m=\ell$ の場合，

$$\begin{aligned} E_{\mathrm{SO}} &= \langle\phi_{n\ell mm_{\mathrm{s}}}|H_{\mathrm{SO}}|\phi_{n\ell mm_{\mathrm{s}}}\rangle \\ &= \frac{Z^4e^2m_{\mathrm{s}}\hbar^2}{8\pi\varepsilon_0 m_{\mathrm{e}}^2c^2a_0^3n^3(\ell+1)\left(\ell+\dfrac{1}{2}\right)\ell} \end{aligned} \tag{4.46}$$

となる[3.1,3.3]．この結果はスピン軌道相互作用が原子番号 Z の4乗に比例して大きくなることを示している．この例からわかるように，$W_{mu,nv}^{(1)}$ の値も原子番号の大きい原子ほど著しく大きくなるのである．このような原子番号の大きな原子ほどスピン軌道相互作用が大きくなる効果を重原子効果とよぶ．

一方，この演算子全体は定数とベクトルの内積（スカラー積）からなっているため，方向性はなく対称性は全対称と見なせる．そのため $W_{mu,nv}^{(1)}$ の値の選択則は軌道角運動量演算子とスピン演算子の内積 $\hat{\ell}\cdot\hat{s}$ の部分で決まる．これらの演算子の役割は量子力学の教科書などを参照されたいが，簡単にいうと，スピン量子数が $+1$ 変化した場合は，軌道磁気量子数が1変化する場合にゼロでない値をもつ．このことは，スピン軌道相互作用により一重項（スピン量子数$=0$）と三重項（スピン量子数$=1$）の間で項間交差が起こる場合に，軌道磁気量子数が1変化する必要があることを示している．一例としてp軌道を考えてみる．p軌道では，磁気量子数の異なる3つの

状態，$\mathrm{p_x}$（$m=+1$），$\mathrm{p_y}$（$m=-1$），$\mathrm{p_z}$（$m=0$）が縮退しており，$\mathrm{p_z}$ と $\mathrm{p_x}$，$\mathrm{p_y}$ の間で磁気量子数は ± 1 異なっている．分子において π 軌道が $\mathrm{p_x}$，$\mathrm{p_y}$ からなっており，n 軌道が $\mathrm{p_z}$ からなることを考えると，項間交差は π 軌道どうしでは起こりにくく，π 軌道と n 軌道の間では起こりやすい．このような法則は El-Sayed 則とよばれる．

次に $W^{(2)}_{mu,nv}$ について考察する．そのためにまず式(4.42）の $H_{\mathrm{SO}}(Q)$ を含む積分部分を以下のように展開する．

$$
\begin{aligned}
&\left\{ \frac{\partial}{\partial Q} \left\langle {}^1\phi^{\mathrm{el}}_m(q,Q) | H_{\mathrm{SO}}(Q) | {}^3\phi^{\mathrm{el}}_n(q,Q) \right\rangle \right\}_{Q_0} \\
&\quad \equiv \sum_k \left\{ \frac{\partial}{\partial Q_k} \left\langle {}^1\phi^{\mathrm{el}}_m | H_{\mathrm{SO}} | {}^3\phi^{\mathrm{el}}_n \right\rangle \right\}_{Q_0} \\
&\quad = \sum_k \sum_i \left\{ \left\langle {}^1\phi^{\mathrm{el}}_m | H_{\mathrm{SO}} | {}^3\phi^{\mathrm{el}}_i \right\rangle \left\langle {}^3\phi^{\mathrm{el}}_i \left| \frac{\partial}{\partial Q_k} \right| {}^3\phi^{\mathrm{el}}_n \right\rangle \right. \\
&\qquad\qquad - \left\langle {}^1\phi^{\mathrm{el}}_m \left| \frac{\partial}{\partial Q_k} \right| {}^1\phi^{\mathrm{el}}_i \right\rangle \left\langle {}^1\phi^{\mathrm{el}}_i | H_{\mathrm{SO}} | {}^3\phi^{\mathrm{el}}_n \right\rangle \\
&\qquad\qquad \left. + \left\langle {}^1\phi^{\mathrm{el}}_m \left| \frac{\partial H_{\mathrm{SO}}}{\partial Q_k} \right| {}^3\phi^{\mathrm{el}}_n \right\rangle \right\}_{Q_0}
\end{aligned}
\tag{4.47}
$$

一般に $\partial H_{\mathrm{SO}}/\partial Q_k$ を含む第 3 項は小さいため無視すると，この式は，一重項，三重項それぞれにおいて，振電相互作用により別の電子準位との混合が起こり，それらを介してスピン軌道相互作用が生じることを示している．さらに第 1 項と第 2 項が引き算となっていることから，これらが打ち消し合わないためには，k 振動モードによって混合する電子波動関数 ${}^1\phi^{\mathrm{el}}_i$ と ${}^3\phi^{\mathrm{el}}_i$ がスピン多重度以外も異なる必要があることも示している．Henry と Siebrand [4.16] は，いくつかの芳香族炭化水素においてこの見積もりを行った．その結果，Q_k が面外振動の場合，ϕ^{el}_i が $\pi\sigma$ 状態となって（スピン以外）

${}^1\phi_i^{\mathrm{el}} = {}^3\phi_i^{\mathrm{el}}$ となり行列要素 $W_{mu,nv}^{(2)}$ がゼロになり，一方，Q_k が面内振動の場合，ϕ_i^{el} が $\pi\pi$ 状態となって，（スピン以外）${}^1\phi_i^{\mathrm{el}} \neq {}^3\phi_i^{\mathrm{el}}$ となり行列要素 $W_{mu,nv}^{(2)}$ はゼロにならないことを見出した．この結果は，芳香族炭化水素の項間交差には，面外振動による他の電子状態の混合および $\pi\pi$ 軌道のスピン軌道相互作用の寄与があることを示している．

さらに $W_{mu,nv}^{(2)}$ の振動波動関数に関する積分 $\langle \phi_{mu}^{\mathrm{vib}} | Q | \phi_{nv}^{\mathrm{vib}} \rangle$ について考察する．ふたたび調和振動子近似を用いれば，電子状態 n の振動の波動関数 ϕ_n^{vib} は，振動モード k の波動関数 $X_k^{(n)}$ の積で表すことができる．

$$\phi_n^{\mathrm{vib}} = \prod_k X_k^{(n)}(x_n) \tag{4.48}$$

ここで x_n は振動量子数である．これを用いれば式(4.42) の振動の積分は

$$\langle \phi_{mu}^{\mathrm{vib}} | Q | \phi_{nv}^{\mathrm{vib}} \rangle = \sum_k \left\langle X_k^{(m)}(x_m) | Q_k | X_k^{(n)}(x_n) \right\rangle \langle \phi_m{}' | \phi_n{}' \rangle \tag{4.49}$$

と書ける．$\phi_m{}'$, $\phi_n{}'$ は，k モードを除く振動波動関数である．さらに低温極限（$kT \ll \hbar\omega_k^{(n)}$）おいて，いくつかの仮定をおいて計算を進めると

$$\langle \phi_{mu}^{\mathrm{vib}} | Q | \phi_{nv}^{\mathrm{vib}} \rangle = \langle \phi_{mu}^{\mathrm{vib}} | \phi_{nv}^{\mathrm{vib}} \rangle \sum_k \left(\frac{\hbar}{2\mu_k \omega_k^{(n)}} \right)^{1/2} \tag{4.50}$$

となる．ここで μ_k は振動モード k の換算質量，$\omega_k^{(n)}$ は同モードの電子状態 n の角振動数である．以上をまとめると，$W_{mu,nv}^{(2)}$ は，

$$
\begin{aligned}
&W^{(2)}_{mu,nv} \\
&= \sum_k \left(\frac{\hbar}{2\mu_k \omega_k^{(n)}}\right)^{1/2} \times \\
&\quad \sum_i \left\{ \langle {}^1\phi_m^{\mathrm{el}} | H_{\mathrm{SO}} | {}^3\phi_i^{\mathrm{el}} \rangle \left\langle {}^3\phi_i^{\mathrm{el}} \left| \frac{\partial}{\partial Q_k} \right| {}^3\phi_n^{\mathrm{el}} \right\rangle \right. \\
&\quad \left. - \left\langle {}^1\phi_m^{\mathrm{el}} \left| \frac{\partial}{\partial Q_k} \right| {}^1\phi_i^{\mathrm{el}} \right\rangle \langle {}^1\phi_i^{\mathrm{el}} | H_{\mathrm{SO}} | {}^3\phi_n^{\mathrm{el}} \rangle \right\}_{Q_0} \langle \phi_{mu}^{\mathrm{vib}} | \phi_{nv}^{\mathrm{vib}} \rangle
\end{aligned}
\tag{4.51}
$$

と書ける．つまり $W^{(2)}_{mu,nv}$ は，同一多重度内振電相互作用を介したスピン軌道相互作用およびフランク–コンドン因子，さらに電子準位を混合させる振動モード k の角周波数に依存する．

最後に $W^{(3)}_{mu,nv}$ について考える．これまでと同様の考察により，この項は低温極限で以下のように展開できる．

$$
\begin{aligned}
&W^{(3)}_{mu,nv} \\
&= \sum_k \left(\frac{\hbar^3 \omega_k^{(n)}}{2\mu_k}\right)^{1/2} \sum_i (E_i^0 - E_n^0)^{-1} \times \\
&\quad \left\{ \langle {}^1\phi_m^{\mathrm{el}} | H_{\mathrm{SO}} | {}^3\phi_i^{\mathrm{el}} \rangle \left\langle {}^3\phi_i^{\mathrm{el}} \left| \frac{\partial}{\partial Q_k} \right| {}^3\phi_n^{\mathrm{el}} \right\rangle \right. \\
&\quad \left. + \left\langle {}^1\phi_m^{\mathrm{el}} \left| \frac{\partial}{\partial Q_k} \right| {}^1\phi_i^{\mathrm{el}} \right\rangle \langle {}^1\phi_i^{\mathrm{el}} | H_{\mathrm{SO}} | {}^3\phi_n^{\mathrm{el}} \rangle \right\}_{Q_0} \langle \phi_{mu}^{\mathrm{vib}} | \phi_{nv}^{\mathrm{vib}} \rangle
\end{aligned}
\tag{4.52}
$$

ここで E_i^0 は電子状態 i の（振動を除く）エネルギーである．上の式を見てわかるように，$W^{(3)}_{mu,nv}$ も $W^{(2)}_{mu,nv}$ と同様に，振電相互作用により混合した別の準位を介して結合が起こっている．ただし，

$W_{mu,nv}^{(2)}$ で引き算であった部分が足し算となっているため，$^1\phi_i^{\mathrm{el}}$ と $^3\phi_i^{\mathrm{el}}$ がスピン多重度を除き，同じかどうかに限らず値をもつ．ふたたび Henry と Siebrand による考察によると，芳香族炭化水素における一重項と三重項の混合は，$\pi\sigma$ 軌道を通じて起こっている．また分母のエネルギー差 $E_i^0 - E_n^0$ からは，より三重項状態にエネルギー的に近い電子状態の寄与が大きいこと，さらに $\omega_k^{(n)}$ の平方根やフランク–コンドン因子にも依存することがわかる．

実際の分子においてこれらの寄与の割合を確かめるのは困難であるが，簡単な分子において同位体置換などを用いた研究は行われている [4.17]．最後に，これらの3つの項に共通してフランク–コンドン因子が含まれている点も指摘しておきたい．無放射遷移のところで説明したエネルギーギャップ則は，同一多重度内の内部転換だけでなく，異なる多重度間の項間交差においても有効である．

4.6　時間分解赤外分光による項間交差過程の観測

ここではこのような項間交差過程が時間分解赤外分光でどのように観測されるか考えてみる．まず金属錯体のように原子番号 Z の大きな原子を含む場合は，項間交差が 100 fs 以下の短い時間で起こる．そのため，IVR 初期や励起状態内の内部転換と同様に図 3.13 (b) に示したようなブロードなスペクトルとなり，あまり意味のある情報は得られない．一方，一般の有機分子の場合の項間交差速度はより遅くなり，ナノ秒程度の時間で起こる．そのため時間分解赤外分光でも図 3.13 (c) のような励起状態振動スペクトルが得られ，項間交差による電子状態変化，構造変化をスペクトルから明らかにすることが可能となる．ここでは具体例として，π 電子系有機化合物であり，有機発光ダイオード（organic light emitting diode: OLED）

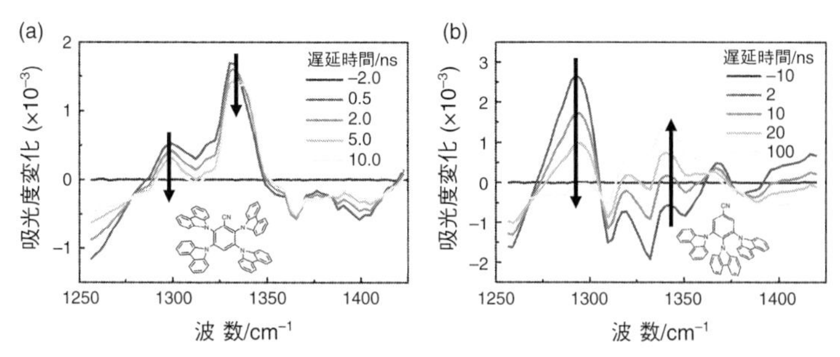

図 4.5　時間分解赤外分光による項間交差過程の測定例 [M. Saigo, *et al.*, *J. Phys. Chem. Lett.*, 10, 2476(2019)]
CzBN の $S_1 \rightarrow T_1$ 過程.（a）4CzBN,（b）*o*-3CzBN.

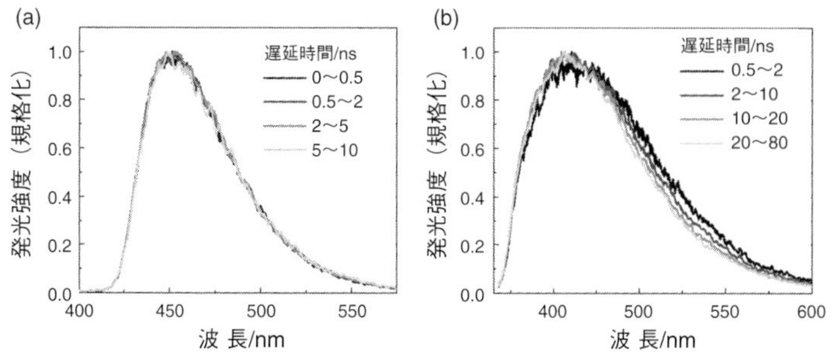

図 4.6　CzBz の発光スペクトルの各遅延時間領域における変化
（a）4CzBN,（b）*o*-3CzBN.

の発光材料として知られるカルバゾールベンゾニトリル（CzBN）誘導体の項間交差過程の時間分解赤外分光測定の例を紹介する [4.18].

図 4.5 は 2 種類の CzBN（4CzBN および *o*-3CzBN）の THF（テトラヒドロフラン）溶液を 400 nm の紫外パルス光で励起した後のナノ秒の時間領域の時間分解赤外スペクトルを比較したものである．ここで電子励起状態の振動構造を反映する上向きのピークに着目す

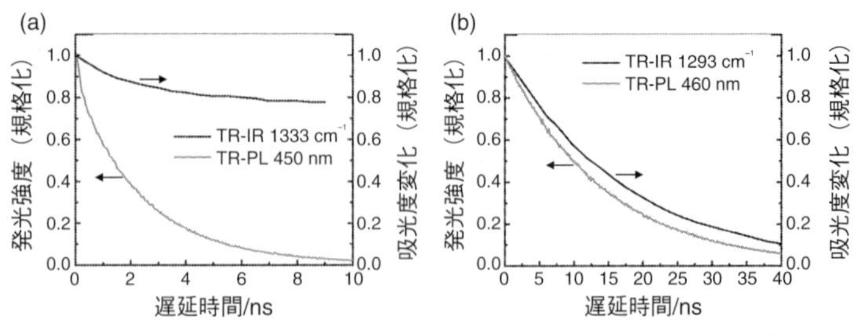

図 4.7　CzBz の時間分解赤外（TR–IR）と時間分解発光（TR–PL）におけるピーク強度の時間変化
(a) 4CzBN,（b）*o*-3CzBN.

ると，4CzBN ではスペクトル形状が変化せずに吸光度変化だけが減少しているのに対し，*o*-3CzBN では吸光度変化が減少するピークと増加するピークが存在し，スペクトル形状が大きく変化している．図 4.6 には比較のため，図 4.5 の時間分解赤外スペクトルと同じ時間領域における強度を規格化した発光スペクトルの時間変化（各時間領域の平均値）を示した．ここではスペクトル形状の変化はほとんど見られていない．このように発光スペクトル形状には大きな時間変化がないにもかかわらず，なぜ時間分解赤外スペクトル形状に大きな時間変化が起こるかについて考えてみる．

まず図 4.7 に示すように，それぞれのピークの大きさが時間とともにどのように変化するかを比較した．ここで 4CzBN は時間分解赤外が 1333 cm^{-1} の吸光度変化，時間分解発光が 450 nm の発光強度，*o*-3CzBN は時間分解赤外が 1293 cm^{-1} の吸光度変化，時間分解発光が 460 nm の発光強度である．なお縦軸はそれぞれ規格化してある．これらを比較すると，4CzBN では，発光強度が 8 ns で 0.1 以下になっているにもかかわらず，赤外吸光度変化は同じ遅延時間で 0.8 程度とほとんど減っていない．一方，*o*-3CzBN では，発光強度，

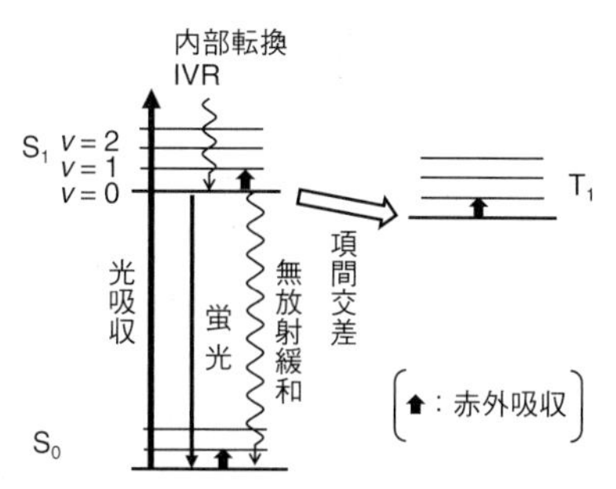

図 4.8　CzBN の光励起過程と時間分解発光および時間分解赤外スペクトルにおいて観測している遷移

赤外吸光度変化ともに 40 ns では 0.1 程度と十分小さくなっている．しかし，改めて図 4.5 をみると $1340\,\mathrm{cm}^{-1}$ 付近に新たなピークが現れている．すなわち，どちらの試料でも発光強度が十分減衰した後においても時間分解赤外では依然として信号が観測されているのである．

このような違いが現れる原因を図 4.8 のヤブロンスキー図を用いて説明しよう．ここで観測している現象は早くても 100 ps 以降であることから，これまで説明してきたように，カーシャ則に従って S_1 の最低振動準位に緩和した後に起こっている．ここで発光スペクトルは，最低一重項電子励起状態（S_1）から電子基底状態（S_0）への蛍光を観測している．また，時間分解赤外スペクトルの上向きピークは，S_1 だけでなく T_1 の振動遷移も観測している．この 2 つの分光法で異なる遷移を観測していることが，スペクトル形状および強度の時間変化の違いを生んでいるのである．つまり，発光スペクトルは S_1 からの蛍光のみを観測してるため時間とともにスペクトル形状は変化せず，また S_1 に分布がなくなれば観測されない．これ

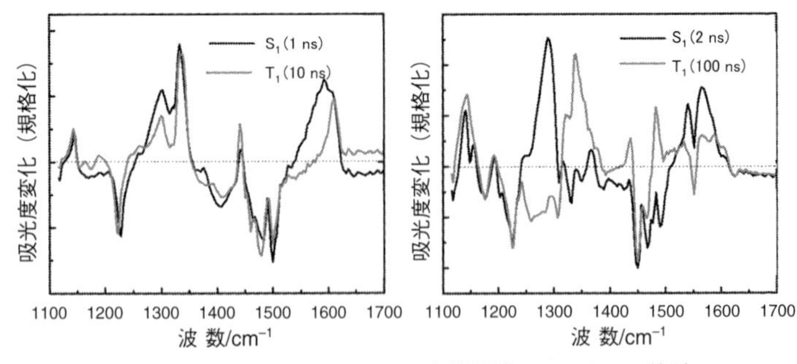

図 4.9　CzBN の S_1 と T_1 の赤外振動スペクトルの比較
(a) 4CzBN, (b) *o*-3CzBN.

に対し，時間分解赤外スペクトルは S_1 以外，ここでは T_1 の振動遷移も同時に観測しているため，S_1 に分布がなくなった後も T_1 のスペクトルが観測される．これらのことから，発光と赤外スペクトルの時間変化の違いは，S_1 から T_1 への遷移，すなわち項間交差が起こっていることを示している．

次に，項間交差前後の状態の違いをもう少し詳しく見てみよう．そのために 4CzBN および *o*-3CzBN において，S_1 に帰属できる遅延時間（4CzBN: 1 ns，*o*-3CzBN: 2 ns）および T_1 に帰属できる遅延時間（4CzBN: 10 ns，*o*-3CzBN: 100 ns）のより広い波数領域の時間分解赤外スペクトルを規格化して比較した（図 4.9）．これらをみると，4CzBN では，S_1 と T_1 のスペクトルが幅広い波数領域においても一致するのに対して，*o*-3CzBN では大きく異なっていることがわかる．これは，4CzBN では，S_1 と T_1 のポテンシャル形状がほとんど変わらない一方，*o*-3CzBN ではこれらのポテンシャル形状が大きく変わっていることを示している．さらにポテンシャル形状が分子構造に大きく依存することを考慮に入れると，構造のよく似たCzBN誘導体間でも，項間交差に伴い分子構造が大きく変わるものとほとんど変わらないものがあることを示している．このように時間分解赤外分光を用いることにより項間交差過程を実時間で観測できるだけでなく，項間交差に伴う構造変化も知ることができる．このことは，項間交差を伴う光機能性物質を設計するうえで重要な知見となる．

コラム5

時間分解赤外分光で観る固体の構造変化

身の回りの工業製品などは，化学的に安定で形状一定な固体であることが多い．固体の光応答を調べる際にも時間分解赤外分光は有効である．固体中では分子が結合し結晶を組む．その組み方（結晶構造）や分子の種類で，その固体の示す性質が決定される．結晶中にある分子の分子内振動モードは，孤立分子と違い，共鳴周波数や強度が分子周りの環境で変化するため，局所的な結晶構造に関するさまざまな情報を含んでいる．さらに，固体が電気伝導性を示すか否かは，赤外域に電荷キャリアの応答が観測されるかで直接議論できることも強調したい．

一例として，分子性結晶である K-TCNQ で起こる光励起による結晶構造変化の報告を紹介する [1]．結晶中で平面上の分子であるテトラシアノキノジメタン（TCNQ）は積層し一次元鎖構造をもつ．鎖内分子間距離が均一な高温

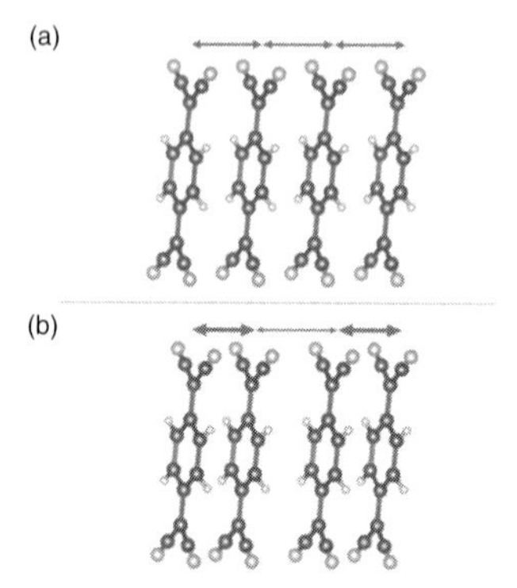

図1　K-TCNQ の高温相（a）および低温相（b）での一次元鎖構造の模式図

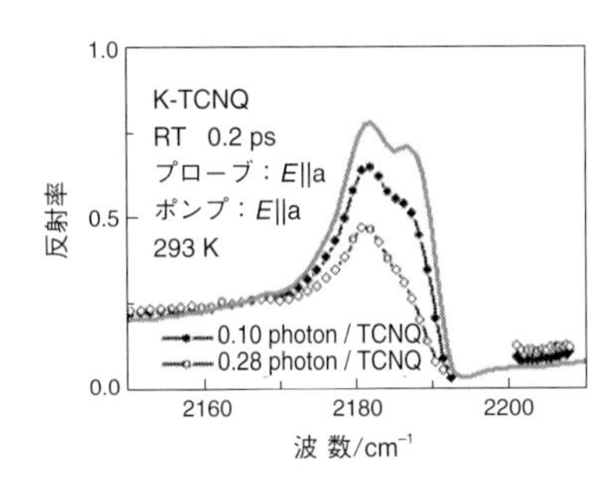

図2　293 K（低温相，実線）と光励起直後（0.2 ps）の過渡状態の反射スペクトル［T. Ishikawa, *et al.*; *Phys. Rev. B*, **93**, 195130–3 (2016)を改変］
光の偏光は結晶の a 軸と平行，黒丸：弱励起，白丸：強励起．

相（図 1(a)）と，長短交互な周期構造の低温相（図 1(b)）の間で相転移を起こす．この低温相を光励起すると，特定のモードに対応する反射率ピークが小さくなる（図 2）．低温相では周期構造により，隣り合う分子との距離が非対称なため，結晶の反転対称中心が分子上にない．注目したピークは，分子上に反転対称中心がないときに観測できるピークであること [2] から，光励起により長短交互の周期構造が弱まる構造変化が起きたことを示唆している．

[1] T. Ishikawa, R. Hosoda, Y. Okimoto, S. Tanaka, K. Onda, S. Koshihara, R. Kumai: *Phys. Rev. B*, **93**, 195130 (2016).
[2] H. Okamoto, Y. Tokura, T. Koda: *Phys. Rev. B*, **36**, 3858 (1987).

（東京工業大学理学院　石川忠彦）

第5章

光励起に伴う化学的過程

5.1　光化学過程

前章までの電子状態の取扱いでは，各電子状態において核間距離の変位（Q）に対して調和振動子近似が成り立つことを前提としてきた．これは図5.1に示すように電子基底状態 S_0 や電子励起状態 S_1，S_2 の平衡核間距離（Q_0）が互いに近くにある場合，たとえば芳香環のように比較的堅い構造をもつ分子には良い近似となり，多くの光物理過程，すなわち光吸収，発光，緩和現象などをうまく説

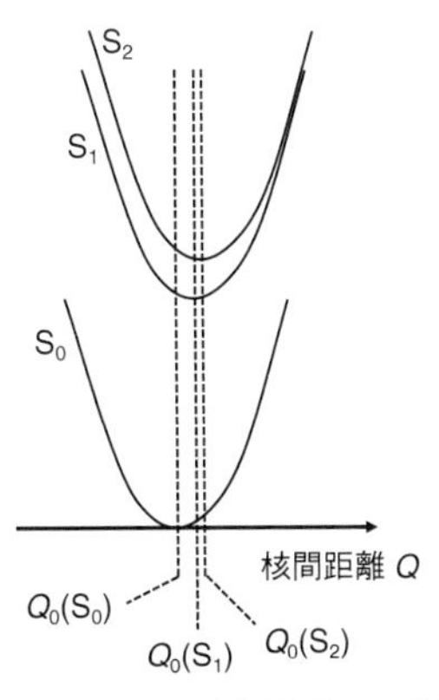

図5.1　電子基底状態と電子励起状態の平衡核間距離の違い

明できる．一方で，異性化や解離のように核の配置が大きく変わる，あるいは電荷移動のように電荷分布が大きく変わるなど光化学的過程を考えるうえでは，Q_0 から遠く離れた位置のポテンシャルを考えなければならず，調和振動子近似だけで現象を説明することは困難である．そこで本章ではそのような光化学過程を理解するうえで基礎となる考え方と，それが時間分解赤外分光でどのように観測されるかについて解説する．

5.2　断熱ポテンシャルと透熱ポテンシャル

熱力学では，物体が熱的に絶縁されていて，その外的条件が十分ゆっくり変化する過程を断熱過程とよぶ [5.1]．この過程は，各瞬間の外的条件に応じた平衡状態と見なすことができる．このことを分子における電子と核の動きに当てはめると，核の動きが十分ゆっくり変化することで，各瞬間の電子の状態が核の配置を固定した定常状態であると見なすことができる．これを断熱近似とよぶ．これにより電子の動きと原子核の動きを分離することができる．これまで紹介してきたフランク–コンドン近似やボルン–オッペンハイマー近似も断熱近似の一種である．量子力学的にみると，ゆっくり変化する核の動きに対して各時点の固有状態は交差しない．そのため系は最初の固有状態に連続的につながる固有状態にとどまる [5.2]．この近似に基づき，核の配置をある位置に固定して，電子の定常状態のシュレーディンガー方程式を解いて固有エネルギーと固有関数を求め，これをあらゆる核配置について行って描いた曲面を断熱ポテンシャル曲面とよぶ．

図 5.2 (a) には，このようにして求められる一次元の核間距離に対する断熱ポテンシャル曲線を模式的に描いた．このようなポテン

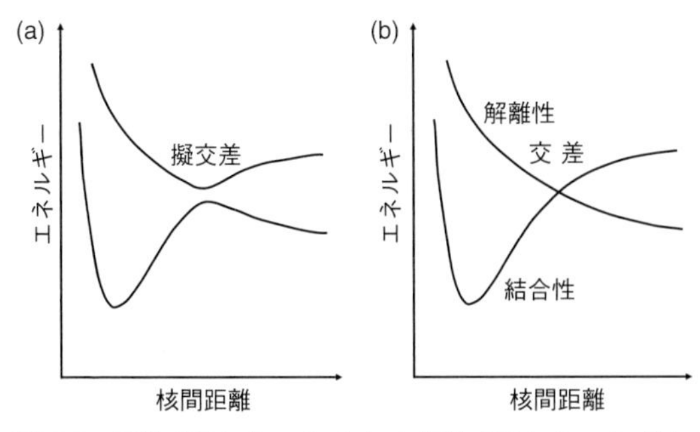

図 5.2　断熱ポテンシャル（a）と透熱ポテンシャル（b）

シャルの形状は，第 1 章でも説明したように，核間距離が近いところでは核どうしの反発によりエネルギーが急激に高くなり，一方，遠いところでは相互作用がなくなるためエネルギーはある一定の値に近づくことで説明できる．また断熱近似では固有状態の交差が起こらないことから，ポテンシャル曲線の交点付近で極大点と極小点が現れる（擬交差）．このような断熱ポテンシャルを用いると化学反応を断熱ポテンシャル曲面上の古典的運動として考えることができるため，化学反応の経路を予測するのに便利である [4.10]．

しかし一方で，ポンテンシャル曲面の交点付近において交差が起こらないことは，その前後で状態の物理的性質が大きく変わることを意味している．図 5.2 (a) の下側のポテンシャル曲線を例に挙げれば，短い核間距離では結合性となっている一方，擬交差より長い核間距離では解離性となっている．そこで逆に，ポテンシャル曲線を交差させて描けば，個々のポテンシャル曲線は物理的性質を保ったものとなる．このような交差したポテンシャル曲線は透熱ポテンシャルとよばれる．図 5.3 (b) にその一例を示す．この図では，核間距離にかかわらずポテンシャル曲線の結合性，解離性の性質は保たれている．

このようなポテンシャル曲面を描くには，擬交差の付近で核間距離に依存しない固有関数（透熱基底）を用いればよい [5.3]．さらに，擬交差付近における断熱ポテンシャル間の遷移は非断熱遷移とよばれ，その遷移確率は透熱基底を用いて表すことができる（Landau–Zener モデル）[4.10]．

ここで第 3 章，第 4 章で扱ったポテンシャルについても説明しておく．これらの章では，ある核間距離 Q_0（平衡核間距離）に対し，ボルン–オッペンハイマー近似の電子固有状態を求め，さらに電子状態が核間距離に依存しないとして，核の運動を調和振動子近似のポテンシャルを用いて表した．このような近似を，それぞれの核配置において電子固有状態を求める断熱近似と区別して「粗い断熱近似」とよぶ [4.4, 4.5]．この場合も，各電子状態のポテンシャル曲線どうしは交差するため，ポテンシャルは透熱ポテンシャルとして表される．

断熱ポテンシャルを用いると，電子励起状態で起こる多くの光化学反応は模式的に図 5.3 のように表される．分子がフランク–コンドン原理に従い高い振動励起状態へ励起された後，これまで説明した IVR，内部転換などによって素早く電子励起状態ポテンシャルの

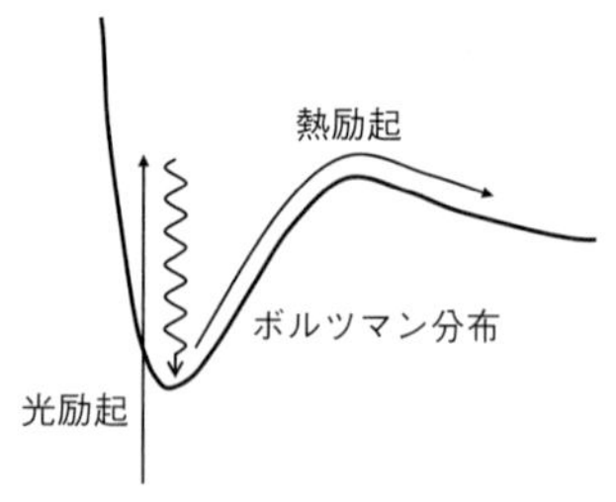

図 5.3　電子励起状態断熱ポテンシャル上の熱反応

振動基底状態への緩和が起こる（カーシャ則）．この状態は，溶媒などの熱浴との相互作用により，準熱平衡状態となっている．ここまでは，図 3.13 (a)～(c) の過程に対応する．ここで電子励起状態の断熱ポテンシャルを考えると，化学反応は熱分布（ボルツマン分布）によって一部のエネルギーの高い分子がポテンシャルの山（擬交差）を乗り越えることにより進行すると見なすことができる．このような反応は，基底状態の熱反応と同様に扱うことができる．そこで次節からは，このような断熱ポテンシャル上で起こる熱反応をどのように理解するかについて説明する．

5.3 遷移状態理論

多原子分子の断熱ポテンシャルは，多次元空間におけるポテンシャル曲面として表される．化学反応はこのような断熱ポテンシャル曲面上の 1 つの極小点（反応物）から別の極小点（生成物）への古典的な運動として表すことができる．ここで，この反応経路に沿った座標を反応座標と定義する．反応座標に沿ってポテンシャルエネルギーを描くと，図 5.4 のように途中に極大点をもつ曲線が描ける．この極大点は，反応座標と直交する座標軸方向では極小点となっているため，ポテンシャル曲面上でみれば鞍点となっている．このような極大点を遷移状態とよび，この反応経路に沿った反応の速度定数を統計力学的に求める理論が遷移状態理論である．その導出方法にはいくつかあるが [4.4, 4.10, 5.4-8]，ここでは Eyring らの教科書 [5.4] の方法に従って解説する．

まず前提として，ここで扱う反応は 1 つの反応過程，つまり素反応過程である．もし複数の反応過程が関わっている場合は，そのうち 1 つの反応過程のみを対象とする必要がある．また化学反応を統

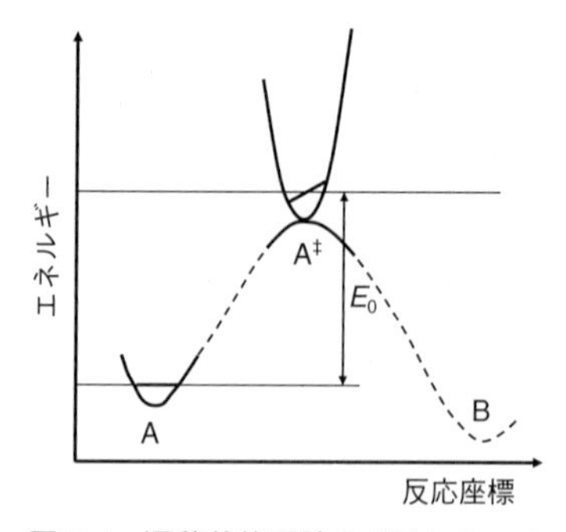

図 5.4　遷移状態理論のポテンシャル

計力学的に扱うということは，遷移状態ですべての量子状態が等確率で存在する（等確率の原理）と考えることである．このことを言い換えると遷移状態で束縛運動（分子の内部エネルギー）へ分配された残りのエネルギーが生成物への並進運動となるということである．そのため束縛運動への分配が多ければ反応は遅くなり，少なければ速くなるといえる．この考えに基づいてモデルを立てる．ここではさらに次の 2 つの仮定をおく．

第 1 の仮定：反応物と遷移状態の間に平衡が成り立つ
第 2 の仮定：遷移状態を通過した分子はもとに戻らない

これは，遷移状態を経る化学反応においてはおおむね妥当な仮定である．なお溶媒については熱浴としてはたらく以外の効果は考えていない．ここで反応物を A，遷移状態を $A^{\ddagger}$，生成物を B とすれば，反応スキームは次のようになる．

$$\mathrm{A} \underset{k_{-1}}{\overset{k_1}{\rightleftharpoons}} \mathrm{A}^{\ddagger} \xrightarrow{k_2} \mathrm{B}$$

ここで第 1 の仮定から反応物と遷移状態の間に平衡が成り立つので，

その平衡定数 $K^\ddagger$ は，それぞれの濃度 [A]，$[\mathrm{A}^\ddagger]$ を用いて

$$K^\ddagger = \frac{[\mathrm{A}^\ddagger]}{[\mathrm{A}]} \tag{5.1}$$

となる．また反応速度式は次のようになる．

$$\frac{\mathrm{d}[\mathrm{A}]}{\mathrm{d}t} = -k_1[\mathrm{A}] + k_{-1}[\mathrm{A}^\ddagger] \tag{5.2}$$

$$\frac{\mathrm{d}[\mathrm{A}^\ddagger]}{\mathrm{d}t} = k_1[\mathrm{A}] - (k_{-1} + k_2)[\mathrm{A}^\ddagger] \tag{5.3}$$

$$\frac{\mathrm{d}[\mathrm{B}]}{\mathrm{d}t} = k_2[\mathrm{A}^\ddagger] \tag{5.4}$$

ここで $[\mathrm{A}^\ddagger]$ は定常状態 $\mathrm{d}[\mathrm{A}^\ddagger]/\mathrm{d}t=0$ と見なせ，さらに $k_2 \ll k_{-1}$ であるので（定常状態近似），生成物が得られる速度，すなわち反応速度は

$$\frac{\mathrm{d}[\mathrm{B}]}{\mathrm{d}t} = k_2[\mathrm{A}^\ddagger] = k_2\frac{k_1}{k_{-1}}[\mathrm{A}] = k_2K^\ddagger[\mathrm{A}] \tag{5.5}$$

と書ける．ここで，この反応の速度定数を k とおく．

$$k = k_2K^\ddagger \tag{5.6}$$

この式の意味は，遷移状態から生成物ができる速度定数 k_2 と反応物と遷移状態の平衡定数 $K^\ddagger$ がわかれば，反応全体の速度定数が求められるということである．そこで次にそれぞれの値を統計力学的に見積もってみよう．

まず平衡定数 $K^\ddagger$ は，等エネルギーにおける分配関数の比で表される．そこで反応物からみた遷移状態のエネルギー（図 5.4）を E_0 とし，反応物，遷移状態の単位体積あたりの分配関数を Q_A，$Q_\mathrm{A}^\ddagger$ と

すれば，$K^{\ddagger}$ は

$$K^{\ddagger} = \frac{Q_{\mathrm{A}}^{\ddagger}}{Q_{\mathrm{A}}} \exp\left(-\frac{E_0}{k_{\mathrm{B}}T}\right) \tag{5.7}$$

となる．ここで T は系の温度，k_{B} はボルツマン定数である．なおエネルギーはゼロ点振動エネルギーを考慮に入れて見積もる必要がある．

次に速度定数 k_2 を求める．遷移状態におけるポテンシャル形状を改めて考えてみると，図5.4に模式的に描いたように反応座標と直交した方向には束縛状態があるが，反応座標に沿った方向には並進の運動しかない．この並進運動の速度を見積もることができれば，速度定数 k_2 を求めることができる．ここで並進運動の速度を $\bar{v}$，通過する領域の幅を δ とすれば，速度定数 k_2 は，

$$k_2 = \frac{\bar{v}}{\delta} \tag{5.8}$$

と書ける．なお δ は後の計算で消去されるため，ここでは大きさは問わない．さらに $\bar{v}$ は，一次元のマクスウェル–ボルツマン（Maxwell–Boltzmann）分布を正の速度の範囲で積分すれば得られる [5.5, 5.6]．正の範囲のみで積分する理由は，最初に述べた第2の仮定から，一方向の運動のみを考えればよいからである．

$$\bar{v} = \left(\frac{m}{2\pi k_{\mathrm{B}}T}\right)^{1/2} \int_0^{\infty} v \exp\left(-\frac{mv^2}{2k_{\mathrm{B}}T}\right) \mathrm{d}v = \left(\frac{k_{\mathrm{B}}T}{2\pi m}\right)^{1/2} \tag{5.9}$$

ここで m は反応物の質量である．

一方，遷移状態の分配関数 $Q_{\mathrm{A}}^{\ddagger}$ も反応座標と直交した束縛状態の分配関数 $Q_{\mathrm{A}}^{\mathrm{v}\ddagger}$ と反応座標に沿った並進運動（T）の分配関数 $Q_{\mathrm{A}}^{\mathrm{T}\ddagger}$ に

分離できる.

$$Q_{\mathrm{A}}^{\ddagger} = Q_{\mathrm{A}}^{\mathrm{v}\ddagger} Q_{\mathrm{A}}^{\mathrm{T}\ddagger} \tag{5.10}$$

さらに $Q_{\mathrm{A}}^{\mathrm{T}\ddagger}$ は，一次元の箱の中の粒子の量子準位 [5.9, 5.10] から

$$Q_{\mathrm{A}}^{\mathrm{T}\ddagger} = (2\pi m k_{\mathrm{B}} T)^{1/2} \frac{\delta}{h} \tag{5.11}$$

となる．これらの式 (5.7) ～ (5.11) を，反応速度定数 k を表す式 (5.6) へ代入すれば，

$$k = \frac{k_{\mathrm{B}} T}{h} \frac{Q_{\mathrm{A}}^{\mathrm{v}\ddagger}}{Q_{\mathrm{A}}} \exp\left(-\frac{E_0}{k_{\mathrm{B}} T}\right) \tag{5.12}$$

が得られる．この式は，反応速度 k が反応の途中や遷移状態以降のポテンシャル形状にはよらずに，反応物の分配関数（Q_{A}）と反応座標と直交した遷移状態の分配関数（$Q_{\mathrm{A}}^{\mathrm{v}\ddagger}$）によって決まることを示している．そのため図 5.4 では，反応速度に関与しないポテンシャル曲線の部分を破線で表してある．また分配関数は分子構造がわかかれば計算することができる．ただし，遷移状態の分子構造を知ることは容易ではない．そのため反応物や生成物の構造から推定するか，あるいは量子化学計算によって構造が得られれば，より正確に見積もることができる．

より理解を深めるため，統計力学的に得られた結果を，化学反応の熱力学的な取扱いと比較してみる [5.8]．上で得られた温度に依存する速度定数 k を，平衡定数 $K^{\ddagger}$ を用いてあらためて書き表すと

$$k = \frac{k_{\mathrm{B}} T}{h} K^{\ddagger} \tag{5.13}$$

となる．ここで平衡定数 $K^{\ddagger}$ をモルあたりのギブズ（Gibbs）の標

準自由エネルギー変化（$\Delta G_0^{\ddagger}$）と気体定数（R）を用いて書けば，

$$\Delta G_0^{\ddagger} = -RT \ln K^{\ddagger} \tag{5.14}$$

となる．すなわち速度定数 k は

$$k = \frac{k_{\mathrm{B}} T}{h} \exp\left(-\frac{\Delta G_0^{\ddagger}}{RT}\right) \tag{5.15}$$

と書くことができる．ここでギブズの自由エネルギーと，標準エンタルピー変化（$\Delta H_0^{\ddagger}$），標準エントロピー変化（$\Delta S_0^{\ddagger}$）との関係は

$$\Delta G_0^{\ddagger} = \Delta H_0^{\ddagger} - T\,\Delta S_0^{\ddagger} \tag{5.16}$$

であるので，上の式(5.13) は

$$k = \frac{k_{\mathrm{B}} T}{h} \exp\left(\frac{\Delta S_0^{\ddagger}}{R}\right) \exp\left(-\frac{\Delta H_0^{\ddagger}}{RT}\right) \tag{5.17}$$

と書き換えられる．

さらにこの式と，速度定数の温度依存性を表す経験則，すなわちアレニウス（Arrhenius）の式

$$k = A \exp\left(\frac{E_{\mathrm{a}}}{RT}\right) \tag{5.18}$$

と比較して，その意味を考えてみよう．ここでは A が前指数因子，E_{a} はアレニウスの活性化エネルギーである．この式から活性化エネルギー E_{a} は

$$E_{\mathrm{a}} = RT^2 \ \frac{\mathrm{d}(\ln k)}{\mathrm{d}T} \tag{5.19}$$

と定義される．一方，速度定数と平衡定数の関係を表す式(5.13) の

対数をとり温度で微分すると

$$\frac{\mathrm{d}(\ln k)}{\mathrm{d}T} = \frac{1}{T} + \frac{\mathrm{d}(\ln K^{\ddagger})}{\mathrm{d}T} \tag{5.20}$$

が得られる．次に平衡定数の温度依存を表すファントホッフ（van't Hoff）の式 [5.9] を用いれば

$$\frac{\mathrm{d}(\ln K^{\ddagger})}{\mathrm{d}T} = \frac{\Delta H_0^{\ddagger}}{RT^2} \tag{5.21}$$

となる．式(5.20) と (5.21) を，活性化エネルギーを表す式(5.19) へ代入して，

$$E_{\mathrm{a}} = RT + \Delta H_0^{\ddagger} \tag{5.22}$$

が得られる．さらに速度定数を $\Delta H_0^{\ddagger}$ と $\Delta S_0^{\ddagger}$ を用いて表した式 (5.17) へ代入すれば，

$$k = \frac{k_{\mathrm{B}}T}{h} \exp\left(1 + \frac{\Delta S_0^{\ddagger}}{R}\right) \exp\left(-\frac{E_{\mathrm{a}}}{RT}\right) \tag{5.23}$$

となる．ここでアレニウスの式(5.18) と比較すれば前指数因子は

$$A = \frac{k_{\mathrm{B}}T}{h} \exp\left(1 + \frac{\Delta S_0^{\ddagger}}{R}\right) \tag{5.24}$$

となる．すなわち，前指数因子は反応物から遷移状態へのエントロピー変化に依存する量であり，遷移状態で化学結合がより緩んでエントロピーが大きくなるほどこの値は大きくなることを示している．

最後に，このような反応過程を時間分解赤外分光で観測した場合を考えよう．時間分解赤外分光で観測する過程は光励起により進行する光化学過程であるが，これまで述べてきたように多くの場合は

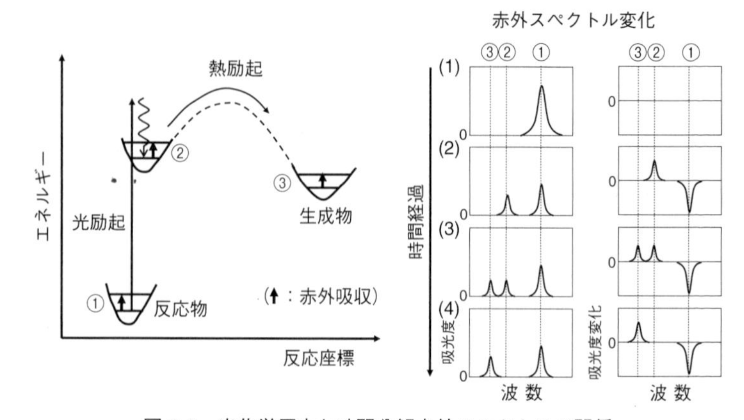

図 5.5　光化学反応と時間分解赤外スペクトルの関係
（1）光励起前，（2）準熱平衡状態，（3）熱反応進行中，（4）反応完了．

光励起後素早く生成する準熱平衡状態における熱反応と見なすことができる．このような過程を測定したときに得られる赤外スペクトル変化を図 5.5 に模式的に示す．(1) 光励起前では，反応物の赤外吸収 ① のみ観測される．このとき，差スペクトル（吸光度変化）として得られる時間分解赤外スペクトルに信号は観測されない．(2) その後，数十ピコ秒後には，電子励起状態において熱平衡が達成される．このとき，基底状態の赤外吸収 ① は減少し，励起状態の赤外吸収 ② はポテンシャル形状の違いによって別の波数に新たに現れる．時間分解スペクトルでは，それぞれ下向きのピーク，上向きのピークとして観測される．ここまでは図 3.13 (a)～(c) と同じである．(3) 熱励起により化学反応が進行すれば，生成物の赤外吸収に対応する位置に新たなピーク ③ が現れる．また同時に，励起状態の吸収ピーク ② の吸光度は弱くなる．時間分解スペクトルにおける吸光度変化も同様に変化する．一方，基底状態のピーク ① の吸光度，吸光度変化は変わらない．(4) 熱反応が完了した場合は，励起状態のピーク ② は消失する．しかし，基底状態のピーク ① の吸光度，吸光度変化は依然としてそのままである．その後，反応物への逆反応が起こらないかぎり，スペクトルは変化しない．

なお，ここでは模式的に各状態の赤外スペクトルを 1 本のピークで表したが，実際には数多くのピークから構成されるスペクトルパターンとして観測される．そこで，各状態におけるスペクトルパターンを第 2 章で説明した方法によって解析すれば，各状態の分子構造や電荷分布の情報を得ることができる．また反応の速度定数も，生成物ピークの吸光度変化の時間変化から直接得ることができる．さらに，得られた速度定数の温度変化を測定し，アレニウスの式に当てはめれば，活性化エネルギーや前指数因子が得られる．これらの情報およびここで説明した知識を用いれば，遷移状態における構造を推定することも可能になる．これによって，光反応における詳細な反応機構を明らかにすることができる．

5.4　電子移動とマーカス理論

熱励起によって起こるもう一つの重要な化学的過程として，溶液中で起こる分子内または分子間電子移動が挙げられる．電子移動が起こった場合，溶質分子の電荷分布が大きく変化するため，溶媒分子との静電的な相互作用も大きく変化する．そのため，前節で説明した遷移状態理論では考慮に入れていなかった溶媒分子との静電的な相互作用を考慮に入れる必要がでてくる．このような溶媒中の電子移動過程は，生体内で起こる現象の理解においても重要であるため，1992 年に電子移動の理論でノーベル賞を受賞した Marcus をはじめ数多くの研究者がその理論的定式化に取り組んできた．これらの理論では，これまで紹介してきた他の動的過程の理論と同様，どのようなモデル，近似を用いるかによって，その結果は変わる [3.3, 4.8, 5.11–28]．そのため，実際の系に理論を適用するときは，どのようなモデルや近似が適切かを見極めることが重要となる．ここでは最もよく知られた電子移動のモデルである，溶媒を連続した誘電体として扱い，電子供与体–電子受容体間の相互作用を非常に弱いとした場合における電子移動（非断熱電子移動）について解説する．

溶媒分子を連続した誘電体として扱った場合，古典電磁気学によれば，誘電体の静電的性質は電場 $\vec{E}(\vec{r})$ に応答する分極 $\vec{P}(\vec{r})$ で表される．

$$\vec{P}(\vec{r}) = \chi\vec{E}(\vec{r}) \tag{5.25}$$

係数 χ は電気感受率とよばれ，ここでは電場に対して 1 次の応答（線形応答）のみを考慮した．また $\vec{r}$ は位置を表すベクトルである．そこで溶媒の性質を分極により表し，溶質の電荷分布により生じる電場に対する応答を計算してみよう [4.10]．まず，溶媒中の位置 $\vec{r}$ における分極は，溶媒分子内の電子雲に由来する分極 $\vec{P}_{\mathrm{e}}(\vec{r})$ と，溶媒分子の双極子モーメントの配向分布に由来する分極 $\vec{P}_{\mathrm{u}}(\vec{r})$ に分けられる．

$$\vec{P}(\vec{r}) = \vec{P}_{\mathrm{e}}(\vec{r}) + \vec{P}_{\mathrm{u}}(\vec{r}) = \chi_{\mathrm{e}}\vec{E}_{\mathrm{e}}(\vec{r}) + \chi_{\mathrm{u}}\vec{E}_{\mathrm{u}}(\vec{r}) \tag{5.26}$$

χ_{e} および χ_{u} は，電子および溶媒配向の電気感受率である．溶媒分子内の電子の応答は核の動きに対して十分速く（断熱近似），熱的な揺らぎの効果も小さい．一方で，溶媒分子の配向は分子全体が動く必要があるため遅く，また熱的揺らぎにより大きく変化する．溶質における電子移動は，この溶媒分子の配向の熱的揺らぎが，ある障

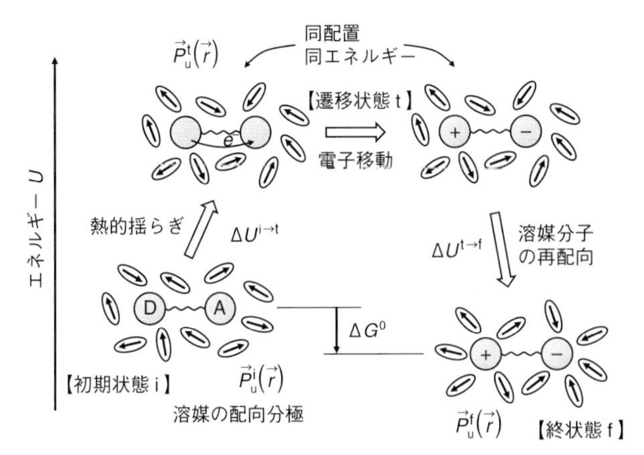

図 5.6 電子移動過程のモデル

壁を越えられる不安定な状態になった場合に起こる．

このことを模式的に表したのが図 5.6 である．ここでは溶質分子を弱く結合した電子供与体（D）と電子受容体（A）で表してある．また溶媒分子は，理論上は連続体であるが，分極の変化をイメージしやすいように双極子モーメントを示す矢印で表した．初期状態 i は，電子移動前の溶質分子の電荷分布に対して安定な溶媒分子の配向構造を示している．そのときの溶媒の分極分布は $\vec{P}_{\mathrm{u}}^{\mathrm{i}}(\vec{r})$ である．しかし実際には熱により溶媒分子の配向構造は揺らいでおり，ある配向構造では電子移動が可能となる．この電子移動が可能となる最も低いエネルギーをもつ配向構造が電子移動の遷移状態 t となる．言い換えると，この遷移状態においては，配向構造は変わらずに等エネルギー的に溶質分子内で電子移動が起こる．このときの溶媒の分極を $\vec{P}_{\mathrm{u}}^{\mathrm{t}}(\vec{r})$ とし，安定な配向構造からの自由エネルギー変化を $\Delta U^{\mathrm{i}\to\mathrm{t}}$ とする．一方，電子移動が起こった後の溶媒分子の最安定配向構造を終状態 f とし，その配向分極分布を $\vec{P}_{\mathrm{u}}^{\mathrm{f}}(\vec{r})$，遷移状態からの自由エネルギー変化を $\Delta U^{\mathrm{t}\to\mathrm{f}}$ とする．また初期状態から終状態への自由エネルギー変化を ΔG^0 とした．ΔG^0 の値は，この図のように初期状態より終状態のエネルギーが低い場合には負の値となることに注意が必要である．

それぞれの過程における自由エネルギー変化を熱力学的積分により求めると次のようになる [4.10].

$$\Delta U^{\mathrm{i}\to\mathrm{t}} = \frac{1}{8\pi}\left(\frac{1}{n^2} - \frac{1}{\varepsilon}\right)\int\left(\frac{4\pi\varepsilon}{\varepsilon - n^2}\vec{P}_{\mathrm{u}}^{\mathrm{t}}(\vec{r}) - \vec{E}_{\mathrm{c}}^{\mathrm{i}}(\vec{r})\right)^2 \mathrm{d}\vec{r} \tag{5.27}$$

$$\Delta U^{\mathrm{t}\to\mathrm{f}} = -\frac{1}{8\pi}\left(\frac{1}{n^2} - \frac{1}{\varepsilon}\right)\int\left(\frac{4\pi\varepsilon}{\varepsilon - n^2}\vec{P}_{\mathrm{u}}^{\mathrm{t}}(\vec{r}) - \vec{E}_{\mathrm{c}}^{\mathrm{f}}(\vec{r})\right)^2 \mathrm{d}\vec{r} \tag{5.28}$$

ここで，$\vec{E}_{\mathrm{c}}^{\mathrm{i}}(\vec{r})$，$\vec{E}_{\mathrm{c}}^{\mathrm{f}}(\vec{r})$ は，初期状態および終状態の溶質分子の電荷分布が真空中につくる電場，ε は溶媒の誘電率，n は溶媒の屈折率である．さらに遷移状態は，初期状態から終状態への熱力学的経路を考えたときの，初期状態からの自由エネルギー差が最も小さい中間状態である．これは変分原理により求めることができ，そのとき活性化障壁のエネルギーは

$$\Delta G^{\ddagger} = \frac{\lambda}{4}\left(1 + \frac{\Delta G^0}{\lambda}\right)^2 \tag{5.29}$$

$$\lambda = \frac{1}{8\pi}\left(\frac{1}{n^2} - \frac{1}{\varepsilon}\right)\int(\vec{E}_{\mathrm{c}}^{\mathrm{f}}(\vec{r}) - \vec{E}_{\mathrm{c}}^{\mathrm{i}}(\vec{r}))^2\,\mathrm{d}\vec{r} \tag{5.30}$$

となる．ここで λ は再配向エネルギーとよばれる．この値は，溶質の

つくる電場から近似的に求められる．電子供与体の分子半径を a_{D}，電子受容体の分子半径を a_{A}，これらの距離を r_{DA} とすれば，以下のように書くことができる [3.3, 5.17, 5.18].

$$\lambda = \frac{e^2}{4\pi\varepsilon_0}\left(\frac{1}{n^2} - \frac{1}{\varepsilon}\right)\left(\frac{1}{2a_{\mathrm{D}}} + \frac{1}{2a_{\mathrm{A}}} - \frac{1}{r_{\mathrm{DA}}}\right) \tag{5.31}$$

ここで ε_0 は真空の誘電率である．

次に，この関係をポテンシャル曲線のかたちで表してみよう．そのためには横軸として溶媒座標を用いる必要がある．これは，これまで出てきた核間距離や反応座標とは異なり，配向も含めた溶媒分子全体の変化を表す座標である．一方，ランダムな熱揺らぎによるポテンシャルエネルギー変化は二次曲線がよい近似となる [4.10]．そこで電子移動過程のポテンシャル曲線を，図 5.7 のように，初期状態と終状態，それぞれの溶媒配置を最低点とする 2 つの二次曲線として表す．この 2 つの曲線の交点が遷移状態となり，初期状態での熱的揺らぎにより遷移状態の溶媒配置となったときに，終状態のポテンシャル曲線に乗り移り，その後，終状態へ緩和するのが電子移

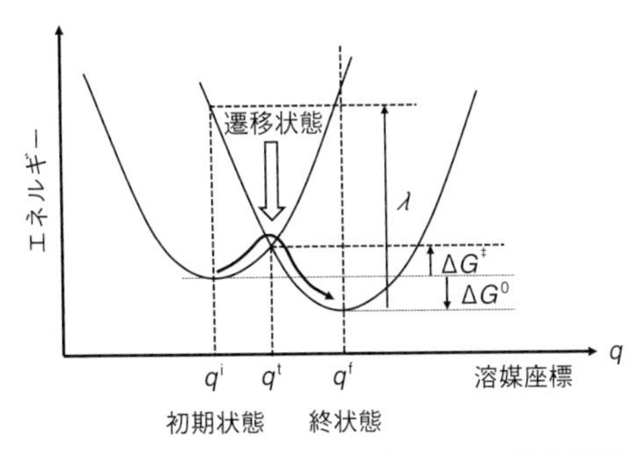

図 5.7　溶媒和座標を用いて表した電子移動過程

動過程である．このように熱的な励起によって，活性化状態を経由して進行する反応の速度定数 k は，前節で説明した遷移状態理論の式で表すことができる．

$$k = A \exp\left(-\frac{\Delta G^{\ddagger}}{k_{\mathrm{B}}T}\right) \tag{5.32}$$

また活性化エネルギー $\Delta G^{\ddagger}$ は，幾何学的に 2 つの二次曲線の交点から求められ，再配向エネルギー λ を用いて

$$\Delta G^{\ddagger} = \frac{(\lambda + \Delta G^0)^2}{4\lambda} \tag{5.33}$$

と書くことができる．

次に頻度因子 A の部分を考える．この部分の扱いは DA 間の相互作用の大きさによって変わるが，ここではその相互作用が非常に弱いとする．このような相互作用を介した電子移動は非断熱電子移動とよばれる．具体的には，空間やアルキル鎖などを介した電子移動が想定される．この場合，電子移動の速度定数は 3.6 節で導いたフェルミの黄金則により記述することができる [5.16–18]．

$$k = \frac{2\pi}{\hbar} \int f(q)|V_{\mathrm{DA}}|^2 \delta(U_{\mathrm{D}}(q) - U_{\mathrm{A}}(q))\,\mathrm{d}q \tag{5.34}$$

$$f(q) = \frac{1}{Q} \exp\left(-\frac{U(q)}{k_{\mathrm{B}}T}\right) \tag{5.35}$$

V_{DA} は電子供与体 D と電子受容体 A の電子的相互作用の行列要素である．また $f(q)$ は，熱平衡状態において $U(q)$ というエネルギーをもつ状態への分布関数であり，ボルツマン分布を示している．Q は初期状態の分配関数である．この式はある温度における振動準位への分布を考慮に入れた 2 つの電子状態間の無放射遷移を表している．すべての振動の自由度を考慮に入れるとこの見積もりは容易で

はないが [5.19]，ここでは上での近似と同様に連続体としての溶媒を考える．さらに図 5.7 の溶媒座標 q に依存するポテンシャルエネルギー曲線 $U(q)$ を，角振動数 ω を用いて以下のように表す．

$$U(q) = \frac{1}{2}\omega^2 q^2 \tag{5.36}$$

ここで角振動数 ω に対して温度が十分高い高温極限 $k_\mathrm{B}T \gg \hbar\omega$ を仮定する．このことは，D，A および溶媒のすべての振動を十分低い一つの角振動数 ω で表したことに対応する．この条件では，振動の分配関数は古典的に積分で表すことができるので，

$$Q = \int_{-\infty}^{\infty} \exp\left(-\frac{\omega^2}{2k_\mathrm{B}T}q^2\right)\mathrm{d}q = \sqrt{\frac{2\pi k_\mathrm{B}T}{\omega^2}} \tag{5.37}$$

となり，分布関数は

$$f(q) = \sqrt{\frac{2\pi k_\mathrm{B}T}{\omega^2}}\exp\left\{-\frac{\omega^2(q-q^\mathrm{i})^2}{2k_\mathrm{B}T}\right\} \tag{5.38}$$

となる [5.10, 5.20]．ここで q^i は初期状態の溶媒座標である（図 5.7）．さらにこれらの式を，電子移動速度定数を表す式(5.34) へ代入し，積分を実行すれば，

$$k = \frac{2\pi}{\hbar}\frac{|V_\mathrm{DA}|^2}{\sqrt{2\pi k_\mathrm{B}T\omega^2(q^\mathrm{i}-q^\mathrm{f})^2}}\exp\left\{-\frac{\omega^2(q^\mathrm{t}-q^\mathrm{i})^2}{2k_\mathrm{B}T}\right\} \tag{5.39}$$

となる．ここで q^t，q^f は遷移状態と終状態の溶媒座標である．一方，上の考察から活性化エネルギーと再配向エネルギー λ には

$$\frac{1}{2}\omega^2(q^\mathrm{t}-q^\mathrm{i})^2 = \frac{(\lambda+\Delta G^0)^2}{4\lambda} \tag{5.40}$$

の関係が成り立つので，最終的に電子移動速度定数として以下の式を得る．

$$k = \frac{2\pi}{\hbar}|V_{\mathrm{DA}}|^2 \left(\frac{1}{4\pi\lambda k_{\mathrm{B}}T}\right)^{1/2} \exp\left(-\frac{(\Delta G^0 + \lambda)^2}{4\lambda k_{\mathrm{B}}T}\right) \quad (5.41)$$

この式(5.41) は，電子移動を扱った多くの教科書や論文で見かけるが，これまで考察してきたように，多くの近似の下に成り立つ最も簡単なモデル式の一つであることに注意する必要がある．たとえば，相互作用が強い場合，溶媒を均一な連続体として扱えない場合，分子内振動をあらわに扱いたい場合などは，この節の最初に述べたように少し異なった考察が必要となる．

最後に電子状態間の相互作用を表す V_{DA} について考えよう．これまでと同様，非常に弱い相互作用による電子移動，すなわち非断熱電子移動を考える．このような場合における V_{DA} の値は，さまざまな量子力学的モデルにより見積もられており [5.17, 5.18, 5.21–24]，その多くは，D–A 間の距離 r に対して指数関数的に減少する関数として表すことができる．

$$V_{\mathrm{DA}}(r) = V_0 \exp\{-\beta(r - r_0)\} \quad (5.42)$$

ここで r_0 は D と A が直接衝突したときの距離（ファンデルワールス（van der Waals）距離）であり，β はモデルに依存するパラメーターである．このように表すと，スペーサーの距離を変えた電子移動速度の測定により β を求めることができる．

ここでは 2 つのモデルについて V_{DA} の大きさを見積もって，β の値がどのようになるか確かめてみる [5.23]．1 つ目のモデルは，D–A 間に空間があり，トンネリングにより移動する場合である．このような電子移動は through–space ともよばれる．図 5.8(a) には，電

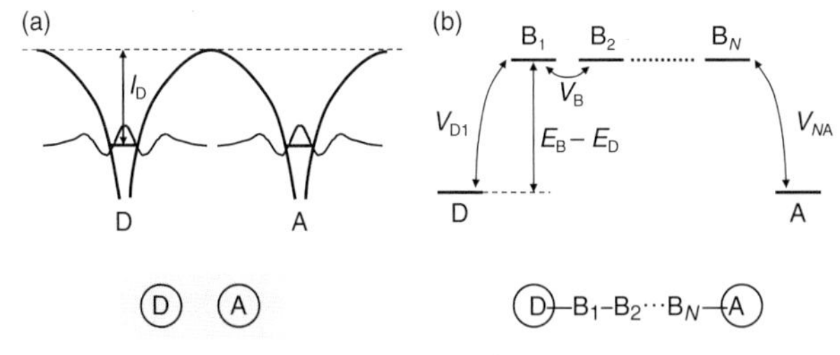

図 5.8 非断熱的電子移動過程のモデル
(a) 空間トンネリング, (b) 超交換相互作用.
電子移動が起こる遷移状態を示している.

子移動が実際に起こる遷移状態におけるポテンシャルを模式的に描いた. ここで V_{DA} は, クーロンポテンシャルからしみ出した波動関数の重なりとして表すことができる. その大きさは距離に対して指数関数的減少を示す. また β の値は次のように書ける.

$$\beta = \frac{2\sqrt{2m_{\mathrm{e}}I_{\mathrm{D}}}}{\hbar} \tag{5.43}$$

ここで I_{D} は溶媒中の電子供与体 D のイオン化ポテンシャルである. たとえば, ここに $I_{\mathrm{D}}=5\,\mathrm{eV}$ を入れれば, $\beta \sim 2.3\,\mathrm{\AA}^{-1}$ が得られる. これは距離に対して急激に減衰する曲線となり, 長距離の電子移動は起こりくい.

2 つ目のモデルは, アルキル鎖のような化学結合でつながっている場合である. この場合, 電子供与体の準位に比べ, 間にあるブリッジの準位が高いところにあるため, その電子移動相互作用は弱く, 隣どうしにしかはたらかない. このような相互作用を超交換相互作用とよび, その電子移動を through–bond とよぶ. このような条件で V_{DA} を摂動論を用いて求めると,

$$V_{\mathrm{DA}} = \frac{V_{\mathrm{D1}} V_{N\mathrm{A}}}{V_{\mathrm{B}}} \left(\frac{V_{\mathrm{B}}}{E_{\mathrm{D}} - E_{\mathrm{B}}} \right)^N \tag{5.44}$$

となる [5.23]．ここで N はブリッジの数，V_{D1} は電子供与体の準位 D とすぐ隣のブリッジの準位 B_1 との相互作用，V_{B} はブリッジの準位間の相互作用，$V_{N\mathrm{A}}$ は電子受容体の準位 A とすぐ隣のブリッジの準位 B_N との相互作用，$E_{\mathrm{D}} - E_{\mathrm{B}}$ は D と B_1 のエネルギー差である（図 5.8 (b)）．なお遷移状態では前述のとおり D と A のエネルギーは一致している（$E_{\mathrm{D}} = E_{\mathrm{A}}$）．この場合もブリッジの数に対して指数関数的な現象を示し，β の値に対して次の式を得る．

$$\beta = -\frac{2}{R_{\mathrm{B}}} \ln \left| \frac{V_{\mathrm{B}}}{E_{\mathrm{D}} - E_{\mathrm{B}}} \right| \tag{5.45}$$

ここで R_{B} は 1 つのブリッジの長さである．典型的な例として，この β の値を σ 結合でつながるアルキル鎖で計算すると $\beta \sim 1.0\,\text{Å}^{-1}$ となる．すなわち through–bond の電子移動は through–space に比べ，より長距離に及ぶ．

5.5　時間分解赤外分光による電子移動過程の観測

ここでは，時間分解赤外分光により電子移動過程がどのように観測され，さらにどのように解析されるのかについて，実際の測定例 [5.29] をもとに紹介する．ここで対象とした系は，図 5.9 に示す光増感部 Ru 錯体と触媒部 Re 錯体をアルキル鎖でつないだ Ru–Re 超分子錯体である．この超分子錯体は，図中に示した犠牲還元剤（BIH）を含む溶液中で，光照射により高効率に CO_2 を CO に還元することができる．図のスキームはその最初期の過程を示している．ここでは，(a) 最初に光増感剤である Ru 錯体が可視光を吸収し電子励起

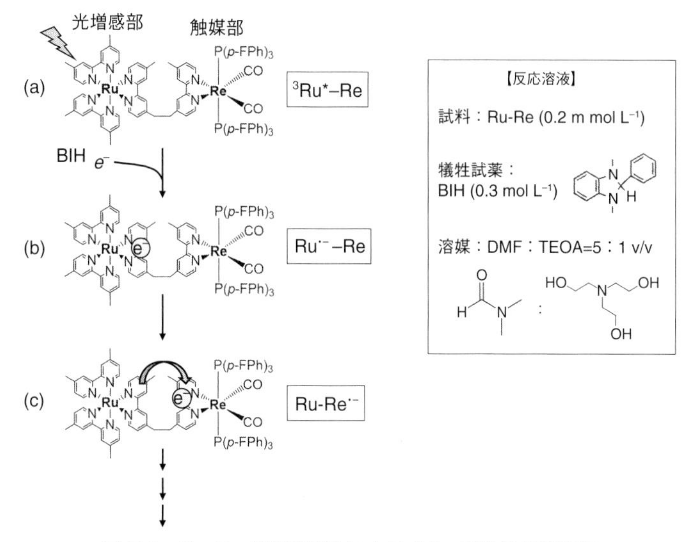

図 5.9 Ru–Re 超分子錯体による CO_2 光還元初期過程

状態に励起される（^{3}Ru*–Re）．その後，(b) 励起 Ru 錯体は BIH からの電子注入により消光を受け，一電子還元 Ru 錯体の電子基底状態（$Ru^{\cdot -}$–Re）が生成する．なおこの過程を「消光」とよぶのは，発光性の電子励起状態が電子注入により（一電子還元種の）電子基底状態となったためである．さらに，(c) 一電子還元 Ru 錯体から Re 錯体への電子移動が起こり，一電子還元 Re 錯体（Ru–$Re^{\cdot -}$）が生成する．実際の CO_2 還元にはこの後多くの段階があるが，ここでは (a)〜(c) の過程を，時間分解赤外分光を含む分光的手段により詳細に明らかにした例を紹介する．

図 5.10 (a) は，この反応が起こっている過程の時間分解赤外スペクトルである．波数領域は 1800〜1975 cm^{-1} であり，遅延時間は

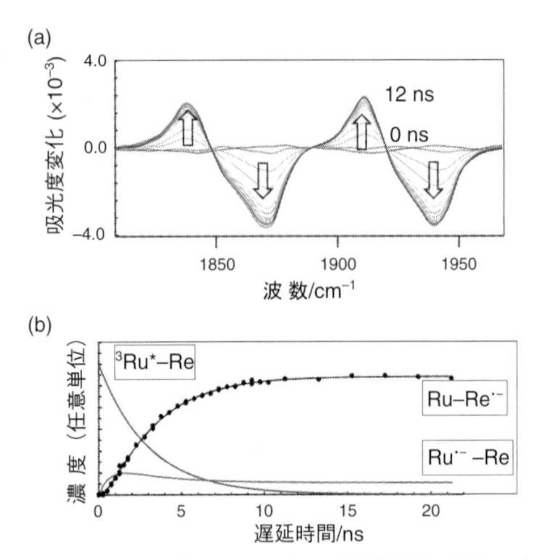

図 5.10　Ru–Re 超分子錯体の CO_2 光還元初期過程（図 5.8）における測定結果

(a) 時間分解赤外スペクトル.

(b) 1839 cm^{-1} における吸光度変化（•）とシミュレーションにより得られた各化学種の濃度変化（実線）

光励起後 0 から 12 ns の間 1 ns おきに測ったスペクトルを重ねてある．この波数領域には，遷移金属に配位した CO の伸縮振動が存在し，強い赤外吸収を示すことが知られている．このような CO 配位子の CO 結合の強さは，電子基底状態で金属から CO への逆電子供与によって，孤立状態の CO に比べて弱くなっている [1.8]．ここで，中心金属の酸化や還元が起こり，電子数（価数）が変化すると，逆電子供与性の強さが変化し，それに伴い CO 伸縮振動の波数もシフトする．そのため CO 伸縮振動の波数は，金属錯体における中心金属の価数変化を知る良い指標となっている [5.30]．さらに，時間分解赤外スペクトルにおいて下向きのピークが光励起前，上向きのピークが光励起後の振動遷移を表していることを思い出すと，CO 伸縮の波数が光励起によって $30\,\mathrm{cm}^{-1}$ ほど低波数にシフトしていることがわかる．一方で，電気化学的に還元した同様の Re 錯体の CO の波数も似たようなシフトを示すことから，光照射により中心金属 Re の電子数が増え，一電子還元状態になっているといえる．さらにこれらのピークの時間変化を調べると，図 5.10(b) に $1839\,\mathrm{cm}^{-1}$ のピークの例を黒丸（●）で示したように，光励起直後にはピークが観測されず，10 ns 程度かかって徐々に強度が増大していることがわかる．これは，光照射後 10 ns 程度の時間がかかって，新たに Re の一電子還元種（Ru–$\mathrm{Re}^{\cdot-}$）が生成していることを示している．

ここで改めてこの系の反応スキーム（図 5.9）をみてみると，Ru の光励起後，Re 一電子還元種の生成までには，発光や無放射緩和，犠牲試薬からの電子注入などいくつかの過程の存在が考えられる．そこで，これらの各過程の速度定数をそれぞれ別の実験により決定し，反応速度論に基づき反応全体の速度方程式を立てれば，各化学種の濃度変化をシミュレーションすることができる．さらに，シミュレーションにより得られた式を，Re 一電子還元種に帰属されるピークの吸光度変化（図 5.10 (b) 黒丸）に最小 2 乗フィットすれば，Ru–Re 間電子移動速度が見積もられる．その結果，速度定数として $k = 1.4 \times 10^{9}\,\mathrm{s}^{-1}$ の値が得られる．なお図 5.10(b) の各実線は速度方程式により得られた各中間種の濃度変化を示している．

この電子移動過程は，Ru 錯体の光励起後，犠牲試薬による消光が起こっているため，基底状態からの熱的な電子移動過程と見なせる．さらに電子供与体である Ru 錯体と電子受容体である Re 錯体が，アルキル鎖による弱い相互作用により結合している．そのため，前節で考察した非常に弱い相互作用による非断熱電子移動に当てはまる．そこで式(5.42) に基づき，異なる長さの架橋をもつ超分子錯

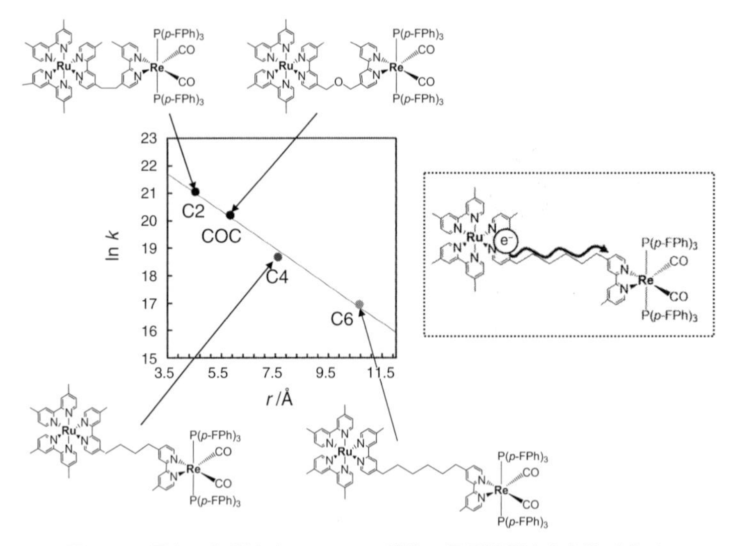

図 5.11　異なる架橋をもつ Ru–Re 錯体の電子移動速度定数（k）と錯体間距離（r）の関係

体において同様の方法により電子移動速度定数を求め，架橋の長さに対してプロットしたのが図 5.11 である．その結果はよく直線にのっており，傾きから式(5.42) の係数の値を求めると $\beta \sim 0.74\,\text{Å}^{-1}$ が得られる．この値は前節で見積もった through–bond による値 $\beta \sim 1.0\,\text{Å}^{-1}$ に近いことから，この反応系では through–bond により電子移動が起こっていると結論づけられる．なお前節で述べたように，電子移動速度は，自由エネルギー変化 ΔG^0 と再配向エネルギー λ にも依存する．しかし，これらの値は，β を見積もる際にあまり大きな影響を与えないため，ここでは定数として扱っている．その詳細については文献 [5.29] を参照されたい．このように時間分解赤外分光は，反応を開始する短時間過程が得られれば，高い状態選択性，広い測定時間領域によって，多くの化学種が関与する熱反応を追跡するのにも強力な手段となる．

5.6 エネルギー移動

光励起後に起こるもう一つの重要な過程としてエネルギー移動が挙げられる．これは，光励起されたエネルギー供与体（D^*）から，そのエネルギーがエネルギー受容体（A）に移動し，D 自身は失活して基底状態に戻る過程である．ここでも時間分解赤外分光の対象となる比較的遅いエネルギー移動を起こす，非常に弱い相互作用した系について考えてみる [1.1, 3.3, 4.2, 5.31–35]．なおここで紹介する単純なモデル以外の理論については文献 [5.36] を参照されたい．

このような条件ではふたたびフェルミの黄金則が適用できる．まず始状態の波動関数 Ψ_{i} を D の励起状態 Ψ_{D^*} と A の基底状態 Ψ_{A} の積，終状態の波動関数 Ψ_{f} を D の基底状態 Ψ_{D} と A の励起状態 Ψ_{A^*} の積として表す．

$$\Psi_{\mathrm{i}} = \Psi_{\mathrm{D}^*}\Psi_{\mathrm{A}} \tag{5.46}$$

$$\Psi_{\mathrm{f}} = \Psi_{\mathrm{D}}\Psi_{\mathrm{A}^*} \tag{5.47}$$

するとエネルギー移動速度定数 k はフェルミの黄金則を用いて

$$k = \frac{2\pi}{\hbar}|\langle\Psi_{\mathrm{f}}|H'|\Psi_{\mathrm{i}}\rangle|^2\delta(E_{\mathrm{i}} - E_{\mathrm{f}}) \tag{5.48}$$

と書ける．ここで H' は非常に弱い相互作用の演算子である．この相互作用としては，一つの電子が別の電子に及ぼすクーロン相互作用を考えるのが自然である．

$$H' = \frac{e^2}{r_{12}} \tag{5.49}$$

ここで r_{12} は2つの電子間1と2の距離を表す．また始状態，終状態それぞれの波動関数は，ボルン–オッペンハイマー近似に基づき電子波動関数 $\varPsi^{\mathrm{el}}$，振動波動関数 $\varPsi^{\mathrm{vib}}$ の積で表される．

$$\varPsi_{\mathrm{i}} = \varPsi_{\mathrm{i}}^{\mathrm{el}}\varPsi_{\mathrm{i}}^{\mathrm{vib}} \tag{5.50}$$

$$\varPsi_{\mathrm{f}} = \varPsi_{\mathrm{f}}^{\mathrm{el}}\varPsi_{\mathrm{f}}^{\mathrm{vib}} \tag{5.51}$$

これらを用いて行列要素を計算すると

$$\langle \varPsi^{\mathrm{f}}|H'|\varPsi^{\mathrm{i}}\rangle = \left\langle \varPsi_{\mathrm{f}}^{\mathrm{el}} \left| \frac{e^2}{r_{12}} \right| \varPsi_{\mathrm{i}}^{\mathrm{el}} \right\rangle \langle \varPsi_{\mathrm{f}}^{\mathrm{vib}}|\varPsi_{\mathrm{i}}^{\mathrm{vib}}\rangle \tag{5.52}$$

となる．後者の振動波動関数の積分 $\langle \psi_{\mathrm{f}}^{\mathrm{vib}}|\psi_{\mathrm{i}}^{\mathrm{vib}}\rangle$ はフランク–コンドン因子である．一方，前者の電子的相互作用では複数の電子が関わっているため，各始状態，終状態の波動関数をスレーター（Slater）行列式を用いて表すと

$$\varPsi_{\mathrm{i}}^{\mathrm{el}} = |\psi_{\mathrm{D^*}}\psi_{\mathrm{A}}| = \frac{1}{\sqrt{2}}[\psi_{\mathrm{D^*}}(1)\psi_{\mathrm{A}}(2) - \psi_{\mathrm{A}}(1)\psi_{\mathrm{D^*}}(2)] \tag{5.53}$$

$$\varPsi_{\mathrm{f}}^{\mathrm{el}} = |\psi_{\mathrm{D}}\psi_{\mathrm{A^*}}| = \frac{1}{\sqrt{2}}[\psi_{\mathrm{D}}(1)\psi_{\mathrm{A^*}}(2) - \psi_{\mathrm{A^*}}(1)\psi_{\mathrm{D}}(2)] \tag{5.54}$$

と書ける．ここで1，2はそれぞれの電子を表す．さらに，このような相互作用にはスピンも重要な役割を果たすため，各電子波動関数を軌道 ϕ とスピンの波動関数 σ の積として表す．

$$\psi_{\mathrm{D^*}} = \phi_{\mathrm{D^*}}\sigma_{\mathrm{D^*}} \tag{5.55}$$

$$\psi_{\mathrm{A}} = \phi_{\mathrm{A}}\sigma_{\mathrm{A}} \tag{5.56}$$

$$\psi_{A^*} = \phi_{A^*}\sigma_{A^*} \tag{5.57}$$

$$\psi_D = \phi_D\sigma_D \tag{5.58}$$

これらの波動関数を用いて電子的相互作用の項を書き直すと

$$\begin{aligned}\left\langle \Psi_f^{el} \left| \frac{e^2}{r_{12}} \right| \Psi_i^{el} \right\rangle = & \left[\left\langle \phi_D(1)\phi_{A^*}(2) \left| \frac{e^2}{r_{12}} \right| \phi_{D^*}(1)\phi_A(2) \right\rangle \times \right. \\ & \langle \sigma_D(1)\sigma_{A^*}(2)|\sigma_{D^*}(1)\sigma_A(2)\rangle \\ & - \left\langle \phi_D(1)\phi_{A^*}(2) \left| \frac{e^2}{r_{12}} \right| \phi_A(1)\phi_{D^*}(2) \right\rangle \times \\ & \left. \langle \sigma_D(1)\sigma_{A^*}(2)|\sigma_A(1)\sigma_{D^*}(2)\rangle \right]\end{aligned} \tag{5.59}$$

となる [3.3, 5.32]．この式は 2 つの項からなっており，このことはエネルギー移動には 2 つの異なる機構があることを示している．そこで次にそれぞれの項の意味について考えてみよう．

スピン波動関数の積分を除く第 1 項は，量子化学の教科書によればクーロン積分とよばれる積分に対応する [2.1]．この相互作用は，D と A 間の古典的なクーロン相互作用に対応し，D と A の距離が十分離れていれば双極子–双極子相互作用として近似できる．

$$\begin{aligned}&\left\langle \phi_D(1)\phi_{A^*}(2) \left| \frac{e^2}{r_{12}} \right| \phi_{D^*}(1)\phi_A(2) \right\rangle \\ &\quad = \frac{1}{R^3}[\vec{\mu}_D \cdot \vec{\mu}_A - 3(\vec{\mu}_D \cdot \vec{e}_{DA})(\vec{\mu}_A \cdot \vec{e}_{DA})]\end{aligned} \tag{5.60}$$

ここで $\vec{\mu}_D$，$\vec{\mu}_A$ は，D および A の遷移双極子モーメント，$\vec{e}_{DA}$ は，D から A の方向への単位ベクトル，R は D–A 間の距離である．な

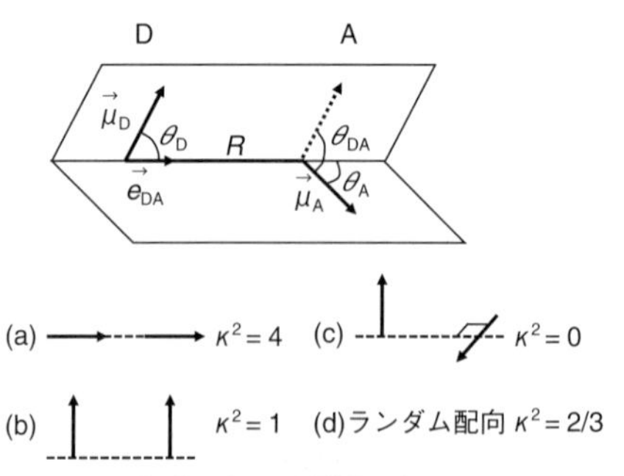

図 5.12　エネルギー移動を起こす遷移双極子モーメントの位置関係

おこの式は，大きさが無視できる点双極子間，あるいは十分離れた双極子間の古典的な相互作用として導かれるものである [5.37]．さらに，このベクトルの内積を計算すると

$$\left\langle \phi_{\mathrm{D}}(1)\phi_{\mathrm{A}^*}(2) \left| \frac{e^2}{r_{12}} \right| \phi_{\mathrm{D}^*}(1)\phi_{\mathrm{A}}(2) \right\rangle = \frac{\kappa}{R^3}|\vec{\mu}_{\mathrm{D}}||\vec{\mu}_{\mathrm{A}}| \tag{5.61}$$

$$\text{ここで，}\quad \kappa = \cos\theta_{\mathrm{DA}} - 3\cos\theta_{\mathrm{D}}\cos\theta_{\mathrm{A}}$$

と書き換えられる．ここで θ_{DA} は，$\vec{\mu}_{\mathrm{D}}$ と $\vec{\mu}_{\mathrm{A}}$ のなす角，θ_{D} と θ_{A} はそれぞれ $\vec{\mu}_{\mathrm{D}}$ と $\vec{\mu}_{\mathrm{A}}$ の単位ベクトル $\vec{e}_{\mathrm{DA}}$ に対する角度である．図 5.12 にこれらのベクトル間の関係を図示する [5.32]．また κ は配向因子とよばれる．この式は，エネルギー移動速度が D と A の遷移双極子モーメントとそれらを結ぶ直線（単位ベクトル）間の角度に依存することを示している．この値の 2 乗 κ^2 は，図 5.12 下段（a）の配向の場合に最大値をとり $\kappa^2 = 4$，（b）の配向の場合に $\kappa^2 = 1$，（c）の配向の場合に $\kappa^2 = 0$，ランダムな配向（d）の場合に $\kappa^2 = 2/3$ となる．ここまでをまとめると，

$$k = \frac{2\pi}{\hbar}\frac{\kappa^2}{R^6}|\vec{\mu}_{\mathrm{D}}|^2|\vec{\mu}_{\mathrm{A}}|^2|\langle \Psi_{\mathrm{f}}^{\mathrm{vib}}|\Psi_{\mathrm{i}}^{\mathrm{vib}}\rangle|^2\delta(E_{\mathrm{i}} - E_{\mathrm{f}}) \tag{5.62}$$

となる．この結果は，エネルギー移動速度が発光と吸収の遷移双極子モーメントの 2 乗に比例し，D–A 間の距離 R の 6 乗に反比例することを示している．

次に，式(5.62) のフランク–コンドン因子 $\langle \Psi_{\mathrm{f}}^{\mathrm{vib}}|\Psi_{\mathrm{i}}^{\mathrm{vib}}\rangle$ とデルタ関数の部分 $\delta(E_{\mathrm{i}} - E_{\mathrm{f}})$ を考える．このように D と A の遷移双極子モーメントの積で表される相互作用は，D* からの発光を A が吸収したと見なすことができる．ただしここでは，実際に発光，吸収が起こっているわけではない．そう考えると，フランク–コンドン因子とデルタ関数の部分は，振動準位による幅をもった発光，吸収スペクトルの重なりに対応する [5.33]．さらに発光スペクトルと遷移双極子モーメントと振動子強度，吸光係数の関係（3.5 節，[1.1, 3.1, 3.3]）を用いれば，最終的に

$$k = \frac{9000c^4 \ln 10}{128\pi^5 n^4 N \tau_0^{\mathrm{D}}}\frac{\kappa^2}{R^6}\int f_{\mathrm{D}}(\nu)\varepsilon_{\mathrm{A}}(\nu)\frac{\mathrm{d}\nu}{\nu^4} \tag{5.63}$$

の関係式を得る．ここで，ν は振動数，c は光の速度，N はアボガドロ数，τ_0^{D} は D*の自然寿命である．また $f_{\mathrm{D}}(\nu)$ は，規格化 $\int f_{\mathrm{D}}(\nu)\,\mathrm{d}\nu = 1$ された D の発光量子スペクトルであり，$\varepsilon_{\mathrm{A}}(\nu)$ は A のモル吸光係数（$\mathrm{L\,mol^{-1}\,cm^{-1}}$）の吸収スペクトルである．

さらにスピンの選択則を考える．スピン波動関数の積分

$$\langle \sigma_{\mathrm{D}}(1)\sigma_{\mathrm{A}^*}(2)|\sigma_{\mathrm{D}^*}(1)\sigma_{\mathrm{A}}(2)\rangle \tag{5.64}$$

がゼロにならないためには，始状態と終状態のスピンが一致することのほかに

$$\sigma_{\mathrm{D}} = \sigma_{\mathrm{D}^*} \tag{5.65}$$

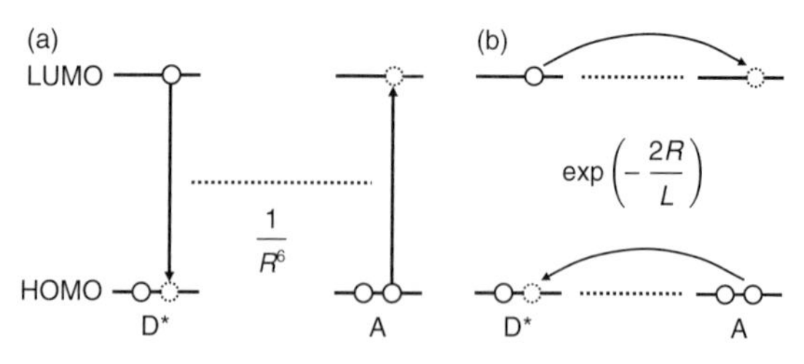

図 5.13　2 種類のエネルギー移動機構

(a) 双極子–双極子相互作用，Förster 型，(b) 交換相互作用，Dexter 型．図中の式は，各機構におけるエネルギー移動速度の D–A 間距離（R）依存性を表す．ここで L は D と A の組合せによって決まる定数である．

$$\sigma_{\mathrm{A}} = \sigma_{\mathrm{A}^*} \tag{5.66}$$

である必要がある．これは，D* の発光および A の吸収がスピン許容遷移である必要性を示している．すなわち，D と A の基底状態および励起状態が一重項の場合（一重項–一重項間エネルギー移動）のほか，A が三重項励起状態にあり，さらに高い三重項状態（A*）へ励起する場合のエネルギー移動も許容である．このような双極子–双極子相互作用によるエネルギー移動を Förster 機構とよび，模式的に表すと図 5.13(a) のようになる．

次に式(5.59) のスピン波動関数の積分を除く第 2 項について考えてみる．この電子的相互作用の積分

$$\left\langle \phi_{\mathrm{D}}(1)\phi_{\mathrm{A}^*}(2) \left| \frac{e^2}{r_{12}} \right| \phi_{\mathrm{A}}(1)\phi_{\mathrm{D}^*}(2) \right\rangle \tag{5.67}$$

は，交換積分に対応する．しかし，実際にこの二電子積分を計算するのは難しいため，Dexter はこの積分が D と A の距離に対して指数関数的に減少するとして次式のように表し，その値を Z^2 とおいた [3.3, 5.32].

$$\frac{1}{g_{\mathrm{D}}g_{\mathrm{A}}}\left|\left\langle \phi_{\mathrm{D}}(1)\phi_{\mathrm{A}^*}(2)\left|\frac{e^2}{r_{12}}\right|\phi_{\mathrm{A}}(1)\phi_{\mathrm{D}^*}(2)\right\rangle\right|^2$$
$$\approx Y\frac{e^4}{a_0^2}\exp\left(-\frac{2R}{L}\right)=Z^2 \tag{5.68}$$

g_{D}，g_{A} はそれぞれの縮退度，Y は $Y \ll 1$ である波動関数の符号を考慮に入れた無次元の係数，a_0 はボーア（Bohr）半径，L は D^* と A の有効平均ボーア半径，R は D^* と A の間の距離である．この Z^2 をフェルミの黄金則の行列要素の 2 乗部分に代入すればエネルギー移動の速度は，

$$k=\frac{2\pi}{\hbar}Z^2\int f_{\mathrm{D}}(\nu)F_{\mathrm{A}}(\nu)\,\mathrm{d}\nu \tag{5.69}$$

となる．ここで $f_{\mathrm{D}}(\nu)$，$F_{\mathrm{A}}(\nu)$ はそれぞれ D^* の発光および A の吸収スペクトルであり，ここでは双方が規格化された関数である．この式は，エネルギー移動の速度が D^* と A の間の距離に対して，指数関数的に減少することを示している．また発光，吸収スペクトルの重なりに依存する点は上の双極子相互作用によるエネルギー移動と同じである．しかし A の吸光係数とは関係しない．

一方，スピン波動関数の積分部分

$$\langle\sigma_{\mathrm{D}}(1)\sigma_{\mathrm{A}^*}(2)|\sigma_{\mathrm{A}}(1)\sigma_{\mathrm{D}^*}(2)\rangle \tag{5.70}$$

からは，

$$\sigma_{\mathrm{D}^*}=\sigma_{\mathrm{A}^*} \tag{5.71}$$
$$\sigma_{\mathrm{D}}=\sigma_{\mathrm{A}} \tag{5.72}$$

であることが求められる．これは，D^* と A^* が同じ多重項どうしならばエネルギー移動が可能であることを示しており，一重項–一重項

間だけでなく，三重項–三重項間のエネルギー移動も可能である．この様子を模式的に表したのが図 5.13 (b) である．

5.7 光電子移動と光エネルギー移動の時間分解赤外スペクトル

本章で紹介した電子移動，エネルギー移動が光励起によって起こった場合に，時間分解赤外スペクトルが一般的にどのように変化するか考えてみよう．図 5.14 (a) に光電子移動過程における電子供与体（D）および電子受容体（A）の最高被占軌道（highest occupied molecular orbital: HOMO），最低空軌道（lowest unoccupied mo-

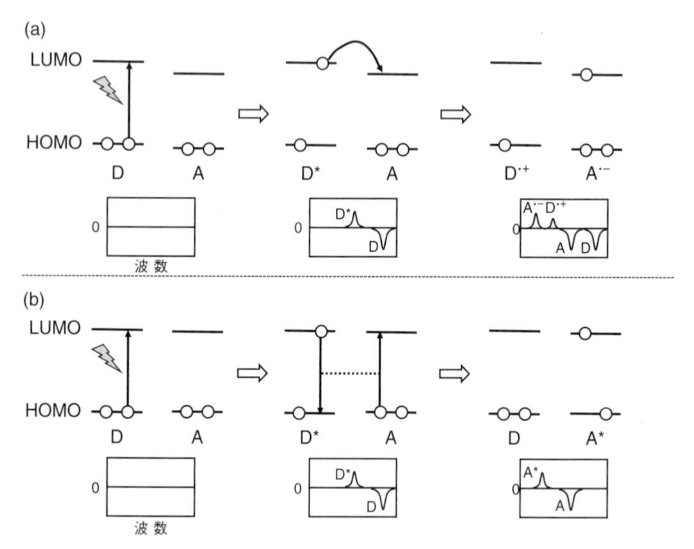

図 5.14　光電子移動，光エネルギー移動と時間分解赤外スペクトルの関係
(a) 光電子移動，(b) 光エネルギー移動．

lacular orbital: LUMO）を図示する．まず一番左側の光励起前の時間分解赤外スペクトル，すなわち吸光度変化は，波数にかかわらずゼロである．次に，D を光励起すると D の光励起状態（D^*）が生成し，スペクトルには D のピークが下向きに，D^* のピークが上向きに現れる．ここである時間経過後に A への電子移動が起これば，D の一電子酸化体（$D^{\cdot +}$），A の一電子還元体（$A^{\cdot -}$）が生成し，これらの化学種の振動遷移に対応する位置に上向きのピークとして現れる．また同時に $A^{\cdot -}$ の生成に伴い減少した A の振動遷移が下向きのピークとなって現れる．一方で D の回復はないため，D の下向きピークに変化はない．

図 5.14 (b) に，光エネルギー移動過程におけるエネルギー供与体（D）およびエネルギー受容体（A）の LUMO と HOMO を図示する．ここでも光励起前の時間分解赤外スペクトルは波数にかかわらずゼロである．ここで，D を光励起すると，光電子移動と同様に D の光励起状態（D^*）が生成し，スペクトルには D のピークが下向きに，D^* のピークが上向きに現れる．しかし，A へのエネルギー移動が起こった場合，スペクトルは電子移動とは大きく異なる．すなわち，D^* が D へ緩和するため D に帰属されるピークは消失する．一方，新たに A が励起して励起状態（A^*）が生成するため，A の基底状態のピークの減少による下向きピーク，A^* の生成による上向きのピークが観測される．このように，時間分解赤外スペクトルを測定すれば，光励起により複数の過程が起こった場合も，そのスペクトル変化をていねいに解析することにより，区別して観測することができる．

コラム6

金属錯体の光化学研究における時間分解赤外分光の応用

時間分解赤外分光（TR-IR）を用いた金属錯体の励起状態研究を先導したのは，University of Nottingham の Turner らである．当時（1980 年代），装置の時間分解能が 100 ns 程度であったので，励起状態の寿命が長く IR 領域に CO 配位子の伸縮振動（ν_{CO}）に由来する強い吸収を有するレニウム(I) カルボニル錯体 *fac*-[Re(4,4'- ビピリジン)$_2$(CO)$_3$Cl]を対象とし，その三重項 MLCT 励起状態において中心レニウムイオンの電荷密度の減少に由来する ν_{CO} の低波数シフトを報告している（図）[1]．その後，[Re (2,2'- ビピリジン)-(CO)$_3${P(OEt)$_3$}]$^+$ と第三級アミン間の光電子移動反応が TR-IR で追跡された．時間分解能および測定感度の劇的な向上により，光励起直後からの高速光物理過程（項間交差過程や高振動状態からの緩和過程など），多様な励起状態，光配位子交換反応，ν_{CO} 以外の弱い赤外吸収の時間分解測定も行われている [2]．現在では，TR-IR を他の時間分解分光と組み合わせて用いることにより，光触媒反応の機構解明を目指す試みが積極的に進められている [3]．

[1] J. J. Turner, M. W. George, F. P. A. Johnson, J. R. Westwell: *Coord. Chem. Rev.*, **125**, 101 (1993).
[2] J. M. Butler, M. W. George, J. R. Schoonover, D. M. Dattelbaum, T. J. Meyer: *Coord. Chem. Rev.*, **251**, 492 (2007).
[3] Y. Yamazaki, K. Ohkubo, D. Saito, T. Yatsu, Y. Tamaki, S. Tanaka, K. Koike, K. Onda, O. Ishitani: *Inorg. Chem.*, **58**, 11480 (2019).

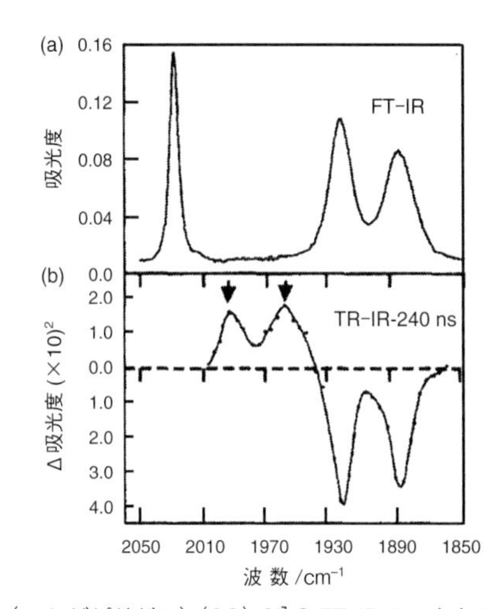

図 *fac*-[Re(4,4'-ビピリジン)$_2$(CO)$_3$Cl] の FT-IR スペクトル (a) とレーザー光照射後 240 ns で測定した TR-IR スペクトル (b)
[J. J. Turner, *et al.*: *Coord. Chem. Rev.*, **125**, 105 (1993)]

基底状態の ν_{CO} に由来するピークが減少し，三重項金属配位子電荷移動（MLCT）励起状態の ν_{CO} ピークが新たに現れている．

（東京工業大学理学院　石谷　治）

第6章

時間分解赤外分光装置

6.1　超短パルス光の発生

ポンプ・プローブ法による測定の時間分解能がポンプ光およびプローブ光の時間幅で決まることは第1章で述べた．またフェムト秒やピコ秒といった短いパルス光は，レーザーを用いて発生させられることにも触れた．ここでは，レーザー光からどのような原理に基づいて超短パルス光が発生できるかについて簡単に述べる．なお，詳細については文献 [6.1–5] を参考にされたい．レーザー（laser）は，light amplification by stimulated emission of radiation の頭文字を取ったもので，3.5 節で説明した誘導放出過程を用いた光の増幅によって得られる光のことである．装置としては，図 6.1 に示すようなレーザーキャビティとよばれる合わせ鏡中にレーザー媒質を置き，何らかの方法でその媒質の励起状態分布を基底状態分布より多くした（反転分布）ものである．このようにして発生した光の特徴の一つは，波の位相がそろった光であるということであり，コヒーレント光とよばれる．このように位相がそろった波が得られると，パルス光の発生は容易である．図 6.2 (a) に示すように，コヒーレントな連続光は単純な正弦波（cos または sin）として表すことができる．ここで，位相が同じで，周波数が少しずつ異なる正弦波を足し合わせると，図 6.2 (b) のようにパルス状の関数ができる．さらに

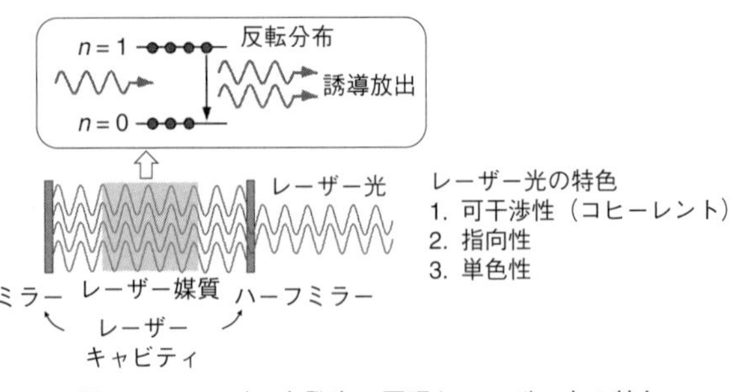

図 6.1　レーザー光発生の原理とレーザー光の特色

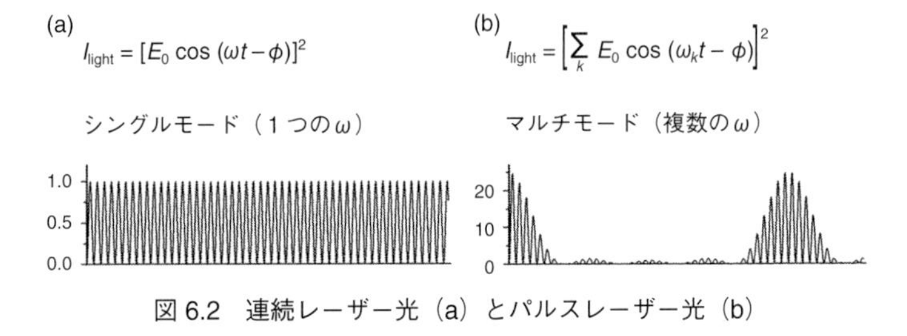

図 6.2　連続レーザー光（a）とパルスレーザー光（b）

足し合わせる周波数の範囲を広げていくと，さらにこのパルスが短くなる．この場合，レーザー光のパルス幅 $f(t)$ は，周波数幅 $g(\omega)$ とフーリエ変換の関係

$$f(t) = \int_{-\infty}^{\infty} g(\omega)\, \mathrm{e}^{-2\pi i\omega t}\, \mathrm{d}\omega \tag{6.1}$$

となるため，より広帯域のコヒーレント光を発生させればより短いパルスが発生できる．$g(\omega)$ がすべての周波数で定数値をもつとき，そのフーリエ変換はデルタ関数になることを思い出してほしい．またこの関係から，パルス光の周波数幅（＝エネルギー幅）と時間幅

はトレードオフの関係にあり，パルスの形状に依存するが，1 ps のパルスの場合，だいたい 10 cm^{-1} のエネルギー幅をもつ [6.6, 6.7]. これは，時間分解振動スペクトルを測定する際に注意すべき点であり，1 ps 以下の時間分解能で線幅の狭い振動スペクトルを得ることは（少なくとも周波数領域の測定では）難しい.

このような広帯域の発光を示すレーザー媒質として，以前は有機色素が使われていたが，1980 年代，650～900 nm の広帯域の発光を示すチタンをドープしたサファイア結晶 (Al_2O_3:Ti^{3+}) が見出され，これを利用した超短パルスレーザー（チタンサファイアレーザー）が 1990 年代から盛んに製作されるようになった. 現在は，これを用いた中心波長 800 nm, パルス幅 100 fs 程度のパルスレーザーが数多く市販されている. しかし，他の波長域ではこのように広帯域の発光を示す媒質がなかなかないため，通常この 800 nm のパルスを非線形光学過程によって波長変換し，赤外光や可視光を得ている.

6.2 非線形光学過程と波長変換

非線形光学過程とは，物質に入射した光の周波数に対して，物質から出てくる光の周波数が倍になったり半分になったりする現象である [6.8–11]. これを用いると光の周波数の足し算や引き算が可能になる. この現象は次のように説明される. まず光は電磁波であり，磁場と物質の相互作用は磁性物質でないかぎり弱いので，一般的な光と物質の相互作用を考える場合は電場の波と見なしてよい. ここで電場 E に置かれた物質に図 6.3 に示すような電荷の偏り（分極）P が生じるとする. 一般に P の E 依存性について正確には知られていないが，P は E にほぼ比例するので，近似的にべき級数展開で表すと以下のように書ける.

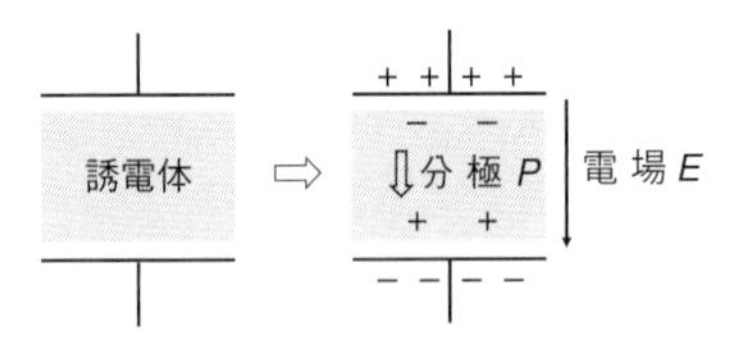

図 6.3　電場印加による物質の分極の発生

$$P = \varepsilon_0(\chi^{(1)}E + \chi^{(2)}E^2 + \chi^{(3)}E^3 + \cdots) \tag{6.2}$$

ここで ε_0 は定数で真空の誘電率，$\chi^{(n)}$ は各次数（n）における比例定数である．なお実際には，P と E はベクトル量，$\chi^{(n)}$ はテンソル量である．通常の光では電場強度が十分小さいため，この式の 1 次の項のみ考えれば現象を説明できる．しかし超短パルスレーザーのように電場強度が十分強くなると，より高次の項を考慮に入れる必要が出てくる．このような場合を非線形光学現象とよぶ．たとえば 100 mW の連続光を 100 μmϕ まで絞ったときの電場強度は 10^2 V cm^{-1} 程度であるが，同じ 100 mW でも標準的なフェムト秒レーザーの光（時間幅 100 fs，繰返し 1 kHz）を同様に集光した場合，電場強度は 10^7 V cm^{-1} となる．ちなみにボーアモデルによる水素原子内の電子が感じる電場強度が 5×10^9 V cm^{-1} なので，物質内の電子が集光したフェムト秒パルスによって影響を受けることが理解できると思う．なお，光の電場強度が 10^9 V cm^{-1} を超えてくると，光と物質の相互作用として別の考え方をする必要が出てくる [6.12]．

さて，式(6.2) の 1 次の項は，単純な比例関係なので簡単にイメージできるが，2 次の項はどう扱ったらよいであろうか．上で述べたように光は単純な正弦波で表せるので，そのような式を式(6.2) の 2 次の項に入れてみればわかるはずである．しかし，三角関数のままでは計算が煩雑になるため，オイラー（Euler）の関係式

$$\mathrm{e}^{i\theta} = \cos\theta + i\sin\theta \tag{6.3}$$

を用いて，指数関数のかたちで記述するとよい．そうすると電場の波は

$$\begin{aligned} E(t) &= \frac{1}{2}E_0\,\mathrm{e}^{\,i(kr-\omega t)} + \frac{1}{2}E_0^*\,\mathrm{e}^{\,i(-kr+\omega t)} \\ &= \frac{1}{2}E_0\,\mathrm{e}^{\,i(kr-\omega t)} + \mathrm{c.c.} \qquad (\text{c.c. は複素共役}) \end{aligned} \tag{6.4}$$

と書ける．ここで k は波数ベクトル，r は位置，ω は角周波数，t は時間を表す．さてここで波数ベクトルと角周波数がそれぞれ（k_1，ω_1），（k_2，ω_2）である 2 つの光が物質に入射されたと考えると電場の波の式は，

$$E(t) = \left\{\frac{1}{2}E_1\,\mathrm{e}^{i(k_1 r-\omega_1 t)} + \mathrm{c.c.}\right\} + \left\{\frac{1}{2}E_2\,\mathrm{e}^{\,i(k_2 r-\omega_2 t)} + \mathrm{c.c.}\right\} \tag{6.5}$$

と書ける．この式を式(6.2) の第 2 項

$$P^{(2)} = \varepsilon_0\chi^{(2)}E^2 \tag{6.6}$$

に代入し，地道に展開すると [6.11]

$$\begin{aligned} P^{(2)} &= \left\{\frac{1}{2}P^{(2\omega_1)}\mathrm{e}^{-2i\omega_1 t} + \mathrm{c.c.}\right\} + \left\{\frac{1}{2}P^{(2\omega_2)}\mathrm{e}^{-2i\omega_2 t} + \mathrm{c.c.}\right\} \\ &\quad + \left\{\frac{1}{2}P^{(\omega_1+\omega_2)}\mathrm{e}^{-i(\omega_1+\omega_2)t} + \mathrm{c.c.}\right\} \\ &\quad + \left\{\frac{1}{2}P^{(\omega_1-\omega_2)}\mathrm{e}^{-i(\omega_1-\omega_2)t} + \mathrm{c.c.}\right\} + P^{(0)} \end{aligned} \tag{6.7}$$

となる．ここで $P^{(\cdots)}$ は，それぞれ以下の式を置き換えたものである．

$$P^{(2\omega_1)} = \frac{\varepsilon_0}{2}\chi^{(2)}(2\omega_1;\omega_1,\omega_1){E_1}^2\,\mathrm{e}^{2ik_1r} \tag{6.8}$$

…第 2 高調波発生：$2\omega_1$

$$P^{(2\omega_2)} = \frac{\varepsilon_0}{2}\chi^{(2)}(2\omega_2;\omega_2,\omega_2){E_2}^2\,\mathrm{e}^{2ik_2r} \tag{6.9}$$

…第 2 高調波発生：$2\omega_2$

$$P^{(\omega_1+\omega_2)} = \varepsilon_0\chi^{(2)}(\omega_1+\omega_2;\omega_1,\omega_2)E_1E_2\,\mathrm{e}^{i(k_1+k_2)r} \tag{6.10}$$

…和周波発生：$\omega_1+\omega_2$

$$P^{(\omega_1-\omega_2)} = \varepsilon_0\chi^{(2)}(\omega_1-\omega_2;\omega_1,-\omega_2)E_1E_2^*\,\mathrm{e}^{i(k_1-k_2)r} \tag{6.11}$$

…差周波発生, 光パラメトリック過程：$\omega_1-\omega_2$

$$P^{(0)} = \frac{\varepsilon_0}{2}\{\chi^{(2)}(0;\omega_1,-\omega_1)E_1E_1^* + \chi^{(2)}(0;\omega_2,-\omega_2)E_2E_2^*\} \tag{6.12}$$

…光整流：0

それぞれの式の右下に記述したように，各項は物質の分極が入射光の周波数の足し算や引き算になっていることがわかると思う．さらに物質の分極の振動は電磁波を発生させるので，物質に強い光を入れただけで光の周波数の足し算や引き算ができることになる．なお最後の項（$P^{(0)}$，光整流）は同一の光の引き算なので実際には観測できないように思えるが，短いパルス光は前述のようにエネルギー的に広がりをもつため，その広がり内でゼロとはならない場合もありうる．

理論上すべての物質がこのような非線形性をもっているわけであ

るが，実際にどの項がより大きく寄与するかは物質の光学的性質，言い換えると各波長，各軸方向における屈折率に依存する．種々の物質におけるそのような非線形光学的性質については，たとえば文献 [6.13] を参照されたい．実用的には，特別に設計した非線形光学結晶を用いることにより，たとえば 800 nm の光から，光パラメトリック過程 $\omega_0 \to \omega_\mathrm{s} + \omega_\mathrm{i}$ によりシグナル光 ω_s，アイドラー光 ω_i とよばれる 2 つの近赤外の光が得られ，さらにこれら 2 つの近赤外光の差周波 $\omega_\mathrm{s} - \omega_\mathrm{i} \to \omega_\mathrm{d}$（$\omega_\mathrm{d}$：差周波光）を取ることにより，中赤外光（3〜20 μm）が得られる．また光整流を用いれば，より長波長のテラヘルツ光（> 20 μm）も得ることが可能となる．

6.3　時間分解赤外分光装置

具体的な時間分解赤外分光装置の例を筆者の研究室の装置を例に説明する．図 6.4 にその装置の概略図を示す．光源となるのは市販のフェムト秒チタンサファイアレーザーであり，この装置は 800 nm，120 fs，4 mJ pulse^{-1} の光を 1 kHz の繰返しで発生することができる．時間分解測定では，この光をビームスプリッターで 2 つに分け，一方をポンプ光，他方をプローブ光として用いる．時間分解赤外分光で必要となる赤外プローブパルスは，この光を上述の非線形光学過程を用いた波長変換によって得る．得られるパルスの波長可変範囲，時間幅，エネルギーはそれぞれ 1000〜4000 cm^{-1}（2.5〜10 μm），120 fs，40 μJ pulse^{-1} である．またこのパルスは，上で説明した時間幅とエネルギー幅のフーリエ変換の関係から 150 cm^{-1} 程度のエネルギー幅をもつ．一方，分子の振動ピークは通常，数 cm^{-1} 程度の線幅で密に詰まっているため，この赤外パルス光を利用して振動スペクトルを得るには少し工夫が必要である．この装置では，試料

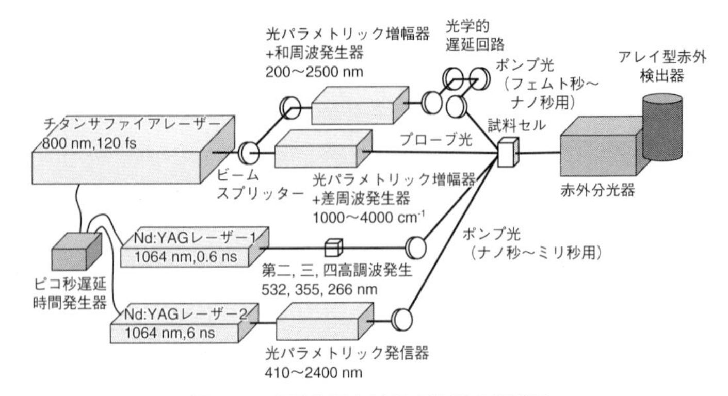

図 6.4　時間分解赤外分光装置の概略図

を透過させた後の光を回折格子を用いた分光器で分散させ，その後，64 チャンネルアレイ型赤外検出器を用いて検出している．150 cm^{-1} の幅をもつ赤外光を 64 領域に分割しているため，チャンネル間のエネルギー間隔は 2 cm^{-1} 程度となり，十分振動ピークを分離できる．またここで用いるアレイ型赤外検出器は，液体窒素冷却した MCT (mercury-cadmium-tellurium) 半導体素子を 64 個一直線に並べたものである．

分子を励起する可視から紫外のポンプ光も，同じ 800 nm パルスからさまざまな非線形光学過程によって得られる．たとえば第二高調波発生（$2\omega_0 \rightarrow 400\,\mathrm{nm}$），第三高調波発生（$3\omega_0 \rightarrow 266\,\mathrm{nm}$）や光パラメトリック過程によって得られた近赤外光と 800 nm との和周波（$\omega_0 + \omega_\mathrm{s} \rightarrow \omega_\mathrm{vis}$）などが用いられ，波長 200〜2500 nm の広帯域にわたって変えることができる．さらにこの場合，ポンプ・プローブ法における遅延時間は光学的遅延によって得られる．2 μm 以下の機械的精度で 1 軸方向に動かせるステージを用いて，ポンプ光とプローブ光に光路差をつけることにより，1 ns 程度までの遅延時間を 7 fs 程度の時間精度で変えることができる．

またより遅い遅延時間は，1.3 節で述べたように電気的遅延発生が有利である．この装置では，特性の異なる 2 台の Nd:YAG レーザー（Nd:YAG レーザー 1, Nd:YAG レーザー 2）を用意し，中赤外パルス光源となるチタンサファイアレーザーと，50 ps の時間精度があるピコ秒遅延時間発生器によって電気的に同期をとっている．ここで Nd:YAG レーザー 1 のパルス幅は 0.6 ns であるため 1 ns 付近の現象を細かく見るのに適している．その一方で，出力の関係で得られる波長は，非線形光学結晶による波長変換を用いても 532 nm, 355 nm, 266 nm 程度である．一方の Nd:YAG レーザー 2 はパルス幅が 6 ns 程度であるが，出力が十分高いため，光パラメトリック過程を利用して 410～2400 nm の間の任意の波長を選択できる．そのため，特定の電子状態を狙って励起するのに適している．

6.4 同位体置換と量子化学計算による時間分解赤外スペクトルの帰属

前節で紹介した装置を用いて，最も基本的な金属錯体の一つである $[\mathrm{Ru(bpy)_3}]^{2+}$（bpy=2,2′-ビピリジン）の時間分解赤外振動スペクトルを溶媒中で測定し，その振動ピークの帰属を行った例を紹介する [6.14]．これは遷移金属錯体の励起状態における指紋領域の赤外振動ピークをきちんと帰属した最初の例である．ここでは同位体置換，配位子置換と量子化学計算を併用して詳細な振動ピークの基準振動への帰属を行っている．同位体は，原子の電子配置が変わらずに核の重さのみが変わるため，結合をつくったときの結合の強さはほとんど変化しない．また調和振動子の周波数を表す式(2.8) によれば，振動の周波数は質量が2倍になれば $1/\sqrt{2}$ となる．このことを利用して，一部の原子を同位体置換すれば，その原子の振動が関与する基準振動の波数が変化するため区別することができる．とくに水素（H）を重水素（D）に変えれば，核の重さが約2倍となるため大きな波数変化が期待できる．一方，配位子の置換は，配位結合の場合，配位子の電子状態が比較的孤立しているため，どの配位子に局在化した振動かを予想できる．これらの結果と第2章で紹介した量子化学計算による基準振動解析を組み合わせることによって，指紋領域の複雑な振動ピークの帰属が可能となる．

図6.5には，そのために測定されたさまざまな錯体を示す．図6.5

(a)

$[Ru(bpy)_3]^{2+}$

(b)

$[Ru(bpy)_2(bpm)]^{2+}$

(c)

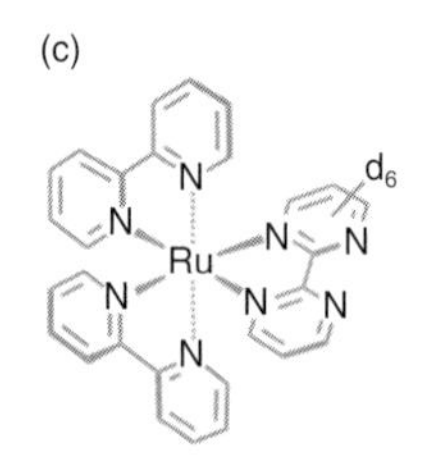

$[Ru(bpy)_2(bpm\text{-}d_6)]^{2+}$

(d)

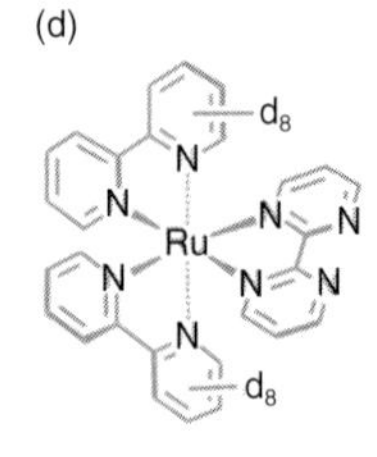

$[Ru(bpy\text{-}d_8)_2(bpm)]^{2+}$

図6.5　$[Ru(bpy)^3]^{2+}$ とその誘導体

対イオンは $(PF_6{}^-)_2$.

(a) が基本となる試料で，溶媒，ここではアセトニトリル (MeCN)，に溶かすことによって $[Ru(bpy)_3]^{2+}$ 溶液ができる．さらに (b) は，3 つある bpy 配位子の 1 つを bpm (2,2′-ビピリミジン) に置換したものである．さらに (c)，(d) はそれぞれ，(b) の bpm の水素を重水素に置換したもの，bpy の水素を重水素に置換したものである．

はじめに $[Ru(bpy)_2(bpm)]^{2+}$ とその重水素置換体の定常状態 (= 電子基底状態) の振動スペクトルを比較したものを図 6.6 (a) に示す．測定は，FT–IR を用いて KBr 錠剤法によって行っている．ここから，bpm の重水素置換によりシフトするピーク (○) は bpm に，bpy の重水素置換によりシフトするピーク (●) は bpy に帰属できる．一方，図 6.6 (b) は，同じ試料の時間分解赤外 (TR–IR) スペクトルを比較したものである．測定条件はアセトニトリル溶液中，励起光 400 nm であり，遅延時間 100 ps の吸光度変化を示している．ここで電子励起状態の振動吸収に対応する上向きのピークに着目すれば，同様に bpm の重水素置換によってシフトするピーク (○) を bpm に，bpy の重水素置換によってシフトするピーク (●) を bpy に帰属できる．

図 6.6 (c) は，FT–IR と TR–IR のスペクトルを bpy (●) と bpm (○) の帰属とともに比較したものである．基底状態の吸収である FT–IR スペクトルでは bpy の振動ピーク (●) が強く現れているのに対して，励起状態の吸収である TR–IR の上向きのピークでは bpm の振動ピーク (○) が強く現れている．これは，光励起により，Ru から bpm へ電子が移動し，bpm 内の結合が大きく変化したと考えれば説明できる．言い換えると，この電子励起状態は Ru から bpm への金属配位子電荷移動 (metal-to-ligand charge-transfer: MLCT) 状態 [1.8] であることを示している．さらに，図 6.6 (d)，(e) は， FT–IR および TR–IR スペクトルと電子基底状態および

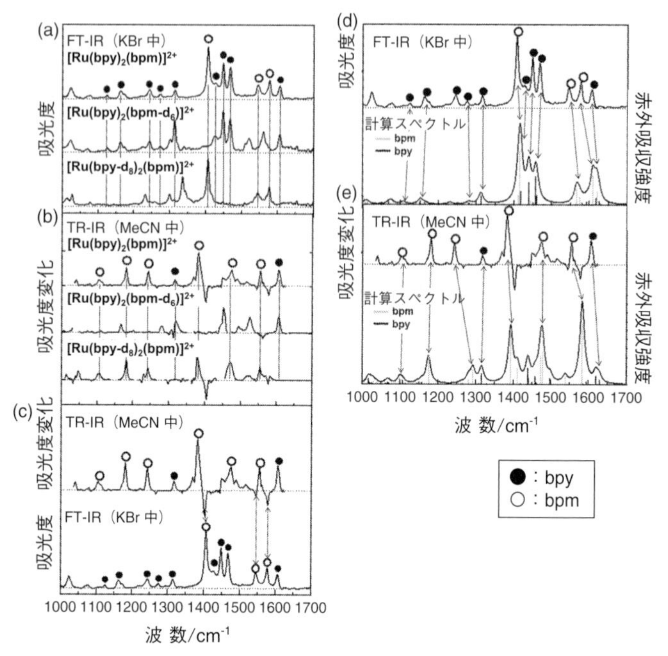

図 6.6　ルテニウム錯体とその重水素置換体のスペクトル［T. Mukuta, *et al.*, *Inorg. Chem.*, **53**, 2484 (2014)］

（a）$[Ru(bpy)_2(bpm)]^{2+}$ とその重水素置換体の定常状態（FT–IR）スペクトル,
（b）同時間分解（TR–IR）赤外振動スペクトル,
（c）$[Ru(bpy)_2(bpm)]^{2+}$ の TR–IR と FT–IR スペクトル,
（d）$[Ru(bpy)_2(bpm)]^{2+}$ の FT–IR スペクトルと基底状態計算スペクトル,
（e）$[Ru(bpy)_2(bpm)]^{2+}$ の TR–IR スペクトルと励起状態計算スペクトル.

電子励起状態（三重項励起状態）の量子化学計算による振動スペクトルとの比較である．これらが良い一致を示すことから，各ピークを量子化学計算による基準振動モードへ帰属することができる．詳細は文献 [6.14] を参照してほしいが，その結果は同位体置換による

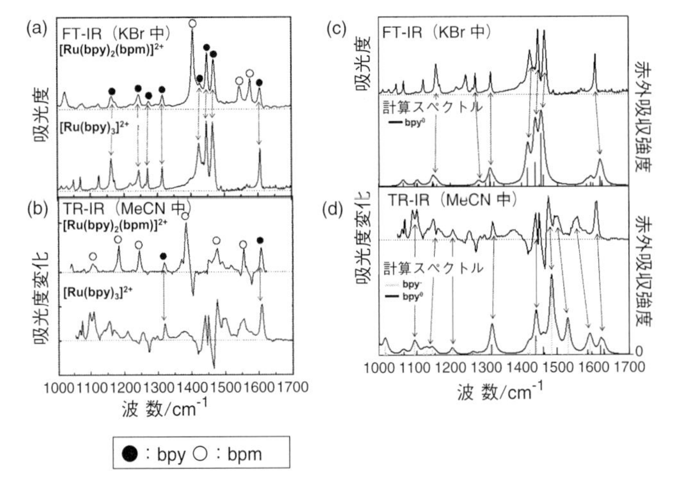

図 6.7 ルテニウム錯体のスペクトル ［T. Mukuta, *et al.*, *Inorg. Chem.*, **53**, 2486 および 2487 (2014)］
（a） $[Ru(bpy)_3]^{2+}$ と $[Ru(bpy)_2(bpm)]^{2+}$ の FT–IR,
（b）同 TR–IR 赤外振動スペクトル,
（c） $[Ru(bpy)_3]^{2+}$ の FT–IR スペクトルと基底状態計算スペクトル,
（d） $[Ru(bpy)_3]^{2+}$ の TR–IR スペクトルと励起状態計算スペクトル.

帰属と良い一致を示している.

図 6.7 は，$[Ru(bpy)_3]^{2+}$ と $[Ru(bpy)_2(bpm)]^{2+}$ のスペクトルを比較したものである．(a) は，基底状態の振動吸収を示す FT–IR スペクトルどうしの比較であり，$[Ru(bpy)_3]^{2+}$ では当然のことながら $[Ru(bpy)_2(bpm)]^{2+}$ で bpy に帰属されるピークのみが観測され，bpm に帰属されるピークは観測されていない．一方，TR–IR スペクトルどうしを比較した (b) のほうも，$[Ru(bpy)_2(bpm)]^{2+}$ で 2 本だけある bpy に帰属されるピークは，$[Ru(bpy)_3]^{2+}$ でも観測されている．$[Ru(bpy)_2(bpm)]^{2+}$ の電子励起状態では，bpy への電荷移動

はほとんどないため，この2本のピークは，電荷変化のないbpyの振動モードと帰属できる．一方，他のピークは，$[Ru(bpy)_2(bpm)]^{2+}$の電子励起状態にはない，電荷が変化したbpyに帰属できると考えられる．また(c)は，FT–IRとTR–IRスペクトルの比較であり，ここでもFT–IRの上向きのピークとTR-IRの下向きのピークは良い一致を示している．さらにこれらと良い一致を示す量子化学計

コラム7

超短パルス赤外線と超短パルス電子線の組合せ計測

物質の物理的性質を調べる際に，一つの計測手法を用いるだけでは，その特性の一面しか知ることはできない．同様に，光誘起によって物質中に生じる超高速現象も，一つのプローブを用いるだけでは，真にその現象を理解することは難しい．このようなとき，「どのような組合せ計測を行うか？」が現象の理解につながるカギとなる．筆者らは，超短パルス電子線を用いた時間分解電子線回折法を時間分解赤外分光と組み合わせて，光応答性液晶の構造変化を追跡することに成功している [1]．時間分解電子線回折法では，光照射による分子の周期性や配列の変化からその構造の変化を理解することができ，分子振動の変化からその構造を理解する時間分解赤外分光法と相補的な測定手法である．そこで液晶分子の孤立状態における分子運動を時間分解赤外分光法で観測し，集合体状態における分子運動を時間分解電子線回折法で観測した．さらに，それぞれの計測結果を理論計算と組み合わせて，孤立分子の運動から集合体中での分子の運動へと連続的に液晶分子の光誘起現象の理解をつなげることができた（図）．

算によって得られた (c) 電子基底状態および (d) 電子励起状態の振動スペクトルから,(ここでは示さないが) 各ピークの基準振動を確かめることができる. その結果, これらの帰属が正しいことが確かめられている.

以上の結果は, $[Ru(bpy)_3]^{2+}$ の電子励起状態は MLCT 状態であり, さらに電子基底状態では等価な 3 つの bpy のうち, ある一つの

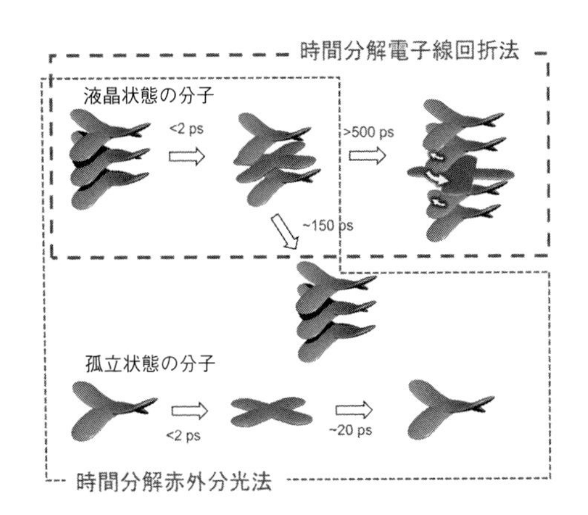

図 時間分解電子線回折法と時間分解赤外分光法の組合せで明らかになった光応答性液晶の動的構造変化

[1] M. Hada, S. Saito, S. Tanaka, R. Sato, M. Yoshimura, K. Mouri, K. Matsuo, S. Yamaguchi, M. Hara, Y. Hayashi, Y. Shigeta, K. Onda, R. J. D. Miller: *J. Am. Chem. Soc.*, **139**, 15792 (2017).

(筑波大学数理物質系 羽田真毅)

bpyに電荷が局在化していることを示している．ただし，図6.7(b)のTR–IRスペクトルの比較を詳細に見ると，$[Ru(bpy)_2(bpm)]^{2+}$ では電子励起状態の振動を示す上向きのピークが，電子基底状態を示す下向きのピークに比べてかなり強いのに対して，$[Ru(bpy)_3]^{2+}$ では，これらのピーク強度比がほぼ同じであるという違いがみられる．ここで，2.2節で考察したように赤外振動遷移の強度が誘起双極子モーメントの変化に依存することを考慮にいれれば，この違いはMLCTによる電荷の局在化の割合が，$[Ru(bpy)_3]^{2+}$ では $[Ru(bpy)_2(bpm)]^{2+}$ に比べて弱いことを示している．このようなことは，以前からさまざまな実験や理論によって予測されていたが，この結果はこのことを明らかにした分光学的証拠の一つである．また，ここで示したように同位体置換による振動の帰属は，合成の手間はかかるが，赤外振動スペクトルを帰属するための有力な手段である．

ここで，1600 cm^{-1} のピークが電荷の変化がないにもかかわらず，強く観測されている理由について説明する．この基準振動は図6.8に示すように，とくにbpy環のCCおよびCN伸縮振動が大きく変化しており，このことがNを介して配位するRu金属の価数変化（MLCTによって酸化される）に敏感となる理由と考えられる．このような現象は，同様にNで金属に配位したポルフィリンのラマン

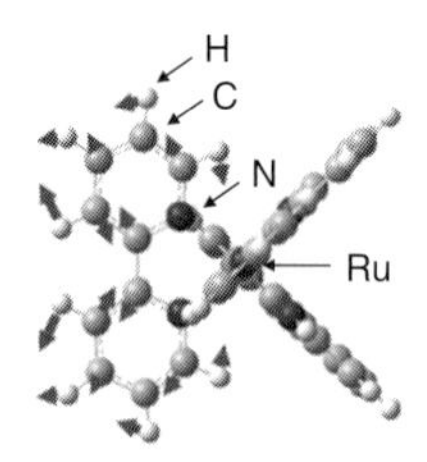

図6.8　$[Ru(bpy)_3]^{2+}$ における 1600 cm^{-1} 付近の基準振動

スペクトルにおいても観測されており，中心金属に対するNの配位の仕方によって1600 cm^{-1} 付近のピークがシフトする [6.15]．また $[Ru(bpy)_3]^{2+}$ や $[Fe(bpy)_3]^{2+}$ の中心金属励起状態におけるピークシフト [6.16] も観測されることから，1600 cm^{-1} 付近のピークは，Nで金属に配位するヘテロ環の配位状態を知るための良いマーカーバンドとなっている．

あとがき

ここまで，分子を光励起したときに起こる広い意味での光化学過程がどのようにして起こるか，そしてどのように測定できるかについて解説してきた．最後に，基本的な考え方をまとめておこう．まず光励起直後の状態は，温度が定義できない熱的非平衡状態にある．ここから熱平衡状態に至るまでの過程が，ここで扱う光化学過程である．しかし，このように時間変化する過程をそのまま量子力学的に扱うのは難しい．そこで，まず時間依存しない，すなわち定常状態の固有状態をゼロ次近似とし，時間に依存する部分を摂動的に扱った．また，電子と核の重さの大きな違いをもとに，電子の動きと核の動きを分離した断熱近似という考え方も取り入れた．これらの考え方に基づき，定常状態の電子の固有状態としてボルン–オッペンハイマー近似の波動関数，核の固有状態として調和振動子近似の波動関数を用いた．さらに，これらの波動関数に時間を含む摂動論（フェルミの黄金則）を適用することにより，光の吸収，発光，分子内振動エネルギー再分配（IVR），内部転換，項間交差，エネルギー移動などの光過程を記述する式を導いた．一方，光励起状態においては，最低電子励起状態から電子基底状態への発光や内部転換による緩和速度が，電子励起状態内で起こるさまざまな過程に比べて非常に遅い（カーシャ則）．そのため，最低電子励起状態において熱浴との十分な相互作用が起こり，準熱平衡状態となる．このような状態における化学的過程を理解するため，熱平衡状態の統計力学に基づいた遷移状態理論（化学反応）およびマーカス理論（電子移動）についても解説を行った．

これらの光化学過程は，フェムト秒からミリ秒という 10 桁以上に及ぶ時間領域で起こる．このような過程を測定するための基本的手段はパルスレーザーを用いたポンプ・プローブ法である．そこで，コヒーレント光源であるレーザーを用いて短いパルス光を発生させる原理，さらに分光測定を可能にするためパルス光を波長変換する方法について解説した．ポンプ・プローブ法を用いた時間分解分光のなかでも時間分解赤外分光は，断熱近似により分離された電子状態，振動状態両方の情報が得られる強力な手段である．このような時間分解赤外分光スペクトルを測定する装置，スペクトルの基本的な読み方，さらに量子化学計算を用いた詳細な解析法についても解説した．そして，理論的に理解された光化学過程が，どのようなスペクトル変化として得られるかを具体例を交えて説明した．

本書で紹介した考え方を用いれば，ヤブロンスキー図やポテンシャル図で表される多くの光化学過程をより深く理解できるようになると思う．ただしこれらの考え方は，本文で説明したように多くの近似に基づいている．そのため実際の系に適用する際は，その妥当性をよく吟味する必要がある．さらに分子周りの環境は，熱浴や連続誘電体を想定している．このようなモデルは，溶液中の溶質分子に対してはおおむね有効であるが，固体，表面，界面やそれらの複合体などで成り立つとは限らない．多くの実用的光機能性物質はこのような系であることから，その光化学過程の理解にはより進んだ考え方が必要となる．そのため現在でも多くの実験的，理論的研究が続けられている．このことは言い換えると，これらの系は新規な光化学的現象の宝庫であるといえよう．本書のテーマである時間分解赤外分光に関して述べれば，以前の装置では比較的高濃度で多量の溶液でしか測定できなかった．しかし現在では，低濃度で少量の溶液や有機固体，薄膜，粉体，液晶，表面，界面など，さまざまな系が測れるようになっている．また測定条件も，高温，低温，超高真空，多孔体中など，さまざまに変えることが可能である．一方で，測定装置自体は，依然として市販品を購入して手軽に利用できるというようにはなっていない．しかし，これに関しても，量子カスケードレーザーや Yb:KGW レーザーなど手軽で安定したパルス光源が開発されており，今後これらを用いた製品も開発されるであろう．筆者としてもより容易に測定できる装置の開発に努力したい．

このように，時間分解測定装置やコンピューターシミュレーションも含めた動的過程理論の発展により，今後，分子の光励起状態が，基底状態の化学反応と同様に理解できるようになっていくと思われる．そしてこのような研究が，光を利用したさまざまな機能性物質の開発，ひいては，それらを利用したエネルギー問題や環境問題の解決と，よりよい生活の実現に貢献できることを願ってやまない．

参考文献

第 1 章

[1.1] N. J. Turro, V. Ramamurthy, J. C. Scaiano 著, 井上晴夫, 伊藤 攻 監訳：『分子光化学の原理』, 丸善出版 (2013).

[1.2] 水野和彦, 宮坂 博, 池田 浩 編：『光化学フロンティア 未来材料を生む有機光化学の基礎』, 化学同人 (2018).

[1.3] 井上晴夫, 高木克彦, 佐々木政子, 朴 鐘震：『基礎化学コース 光化学 I』, 丸善 (1999).

[1.4] 村田 滋：『光化学—基礎と応用—』, 東京化学同人 (2013).

[1.5] 杉森 彰：『化学新シリーズ 光化学』, 裳華房 (1998).

[1.6] 長村利彦, 川井秀記：『光化学—基礎から応用まで—』, エキスパート応用化学テキストシリーズ, 講談社 (2014).

[1.7] 堀江一之, 牛木秀治, 渡辺敏行：『新版光機能分子の科学 分子フォトニクス』, 講談社サイエンティフィク (2004).

[1.8] 佐々木陽一, 石谷 治：『金属錯体の光化学』, 錯体化学会選書 2, 三共出版 (2007).

[1.9] 日本化学会 編, 福本恵紀, 野澤俊介, 足立伸一 著：『X 線分光—放射光の基礎から時間分解計測まで』, 化学の要点シリーズ 31, 共立出版 (2019).

[1.10] 古川行夫 編著：『赤外分光法』, 分光法シリーズ 4, 講談社 (2018).

[1.11] 日本分光学会 編：『赤外・ラマン分光法』, 分光測定入門シリーズ 6, 講談社サイエンティフィク (2009).

[1.12] 田隅三生 編著：『赤外分光測定法 基礎と最新手法』, エス・ティ・ジャパン (2012).

第 2 章

[2.1] 原田義也：『量子化学 上巻』, 裳華房 (2007).

[2.2] 山内 薫：『分子構造の決定』, 岩波講座 現代化学への入門, 岩波書店 (2001).

[2.3] K. P. Huber, G. Herzberg: "Constants of Diatomic Molecules", Molecular Spectra and Molecular Structure, IV., Springer Science+Business Media (1979).

[2.4] 田中一義：『統計力学入門 化学の視点から』, 化学同人 (2014).

[2.5] 有山正孝：『振動・波動』, 基礎物理学選書 8, 裳華房 (1970).

[2.6] 伊藤克司：『解析力学』, 講談社 (2009).

[2.7] 水島三一郎，島内武彦：『赤外吸収とラマン効果』，共立全書，共立出版（1958）．

[2.8] 中川一朗：『振動分光学』，学会出版センター（1987）．

[2.9] 中崎昌雄：『分子の対称と群論』，東京化学同人（1973）．

[2.10] 今野豊彦：『物質の対称性と群論』，共立出版（2001）．

[2.11] F. A. Cotton 著，中原勝儼 訳：『コットン 群論の化学への応用』，丸善（1980）．

[2.12] 堀口 博：『赤外吸光図説総覧』，三共出版（1973）．

[2.13] たとえば，R. M. Silverstein, F. X. Webster, D. J. Kiemle, D. L. Bryce 著，岩澤伸治，豊田真司，村田 滋 訳：『有機化合物のスペクトルによる同定—MS，IR，NMR の併用— 第 8 版』，東京化学同人（2016）．

[2.14] J. B. Foresman, Æ. Frish 著，川内 進 訳：『電子構造による化学の探求 第三版』，Gaussian（2017）．

[2.15] 平尾公彦，武次哲也：『すぐにできる量子化学計算ビギナーズマニュアル』，講談社サイエンティフィク（2006）．

[2.16] Gaussian 16, Revision A.03, M. J. Frisch, G. W. Trucks, H. B. Schlegel, G. E. Scuseria, M. A. Robb, J. R. Cheeseman, G. Scalmani, V. Barone, G. A. Petersson, H. Nakatsuji, X. Li, M. Caricato, A. V. Marenich, J. Bloino, B. G. Janesko, R. Gomperts, B. Mennucci, H. P. Hratchian, J. V. Ortiz, A. F. Izmaylov, J. L. Sonnenberg, D. Williams-Young, F. Ding, F. Lipparini, F. Egidi, J. Goings, B. Peng, A. Petrone, T. Henderson, D. Ranasinghe, V. G. Zakrzewski, J. Gao, N. Rega, G. Zheng, W. Liang, M. Hada, M. Ehara, K. Toyota, R. Fukuda, J. Hasegawa, M. Ishida, T. Nakajima, Y. Honda, O. Kitao, H. Nakai, T. Vreven, K. Throssell, J. A. Montgomery, Jr., J. E. Peralta, F. Ogliaro, M. J. Bearpark, J. J. Heyd, E. N. Brothers, K. N. Kudin, V. N. Staroverov, T. A. Keith, R. Kobayashi, J. Normand, K. Raghavachari, A. P. Rendell, J. C. Burant, S. S. Iyengar, J. Tomasi, M. Cossi, J. M. Millam, M. Klene, C. Adamo, R. Cammi, J. W. Ochterski, R. L. Martin, K. Morokuma, O. Farkas, J. B. Foresman, D. J. Fox: Gaussian, (2016).

[2.17] H. Yoshida, A. Ehara, H. Matsuura: Density functional vibrational analysis using wavenumber-linear scale factors, *Chem. Phys. Lett.*, **325**, 447 (2000).

[2.18] G. Herzberg: “Molecular Spectra and Molecular Structure, Volume I - Spectra of Diatomic Molecules”, Reprint Edition, Robert

E. Krieger Publishing (1989).
[2.19] S. Flügge: "Practical Quantum Mechanics", Springer-Verlag (1971).
[2.20] K. Onda, K. Tanabe, H. Noguchi, A. Wada, T. Shido, A. Yamaguchi, Y. Iwasawa: Studies of the surface deuteroxyl group and adsorbed D_2O on γ-Al_2O_3 using picosecond infrared pump-probe spectroscopy, *J. Phys. Chem. B*, **105**, 11456 (2001).
[2.21] 長倉三郎, 中島 威 編:『化学と量子論』, 岩波講座 現代化学 1, 岩波書店 (1979).
[2.22] G. Herzberg: "Molecular Spectra and Molecular Structure, Volume Ⅱ - Infrared and Raman Spectra of Polyatomic Molecules", Reprint Edition, Robert E. Krieger Publishing (1991).
[2.23] 廣瀬千秋：SFG ノート https://comp.chem.tohoku.ac.jp/hirose.html
[2.24] E. Fermi: Über den Ramaneffekt des Kohlendioxyds, *Z. Phys. A*, **71**, 250 (1931).
[2.25] K. Aarset, E. M. Page, D. A. Rice: Molecular Structures of Benzoic Acid and 2-Hydroxybenzoic Acid, Obtained by Gas-Phase Electron Diffraction and Theoretical Calculations, *J. Phys. Chem. A*, **110**, 9014 (2006).

第 3 章

[3.1] 小尾欣一, 渋谷一彦：『基礎量子化学』, 化学同人 (2002).
[3.2] 類家正稔：『詳解 量子化学の基礎』, 東京電機大学出版局 (2012).
[3.3] 山内清語, 野崎浩一 編著:『配位化合物の電子状態と光物理』, 三共出版 (2010).
[3.4] 島内みどり：フランク・コンドン因子と RKR ポテンシャル, 分光研究, **25**, 65 (1976).
[3.5] G. ヘルツベルグ 著, 奥田典夫 訳:『ヘルツベルグ 分子スペクトル入門 フリーラジカルのスペクトルと構造』, 培風館 (1975).
[3.6] G. Herzberg: "Molecular Spectra and Molecular Structure, Volume III - Electronic Spectra and Electronic Structure of Polyatomic Molecules", Reprint Edition, Robert E. Krieger Publishing (1991).
[3.7] 長倉三郎 編：『光と分子 上』, 岩波講座 現代化学 12, 岩波書店 (1979).
[3.8] H. Sponer, G. Nordheim, A. L. Sklar, E. Teller: Analysis of the near ultraviolet electronic transition of benzene, *J. Chem. Phys.*, **7**, 207 (1939).
[3.9] F. S. Crawford, Jr. 著, 高橋秀俊 監訳：『復刻版 バークレー物理学コース

波動』，丸善出版（2011）．
[3.10] マイケル D. フェイヤー 著，谷 俊朗 訳：『量子力学 物質科学に向けて』，東京大学出版会（2018）．
[3.11] 小宮山 進，竹川 敦：『マクスウェル方程式から始める電磁気学』，裳華房（2015）．
[3.12] R. Englman, J. Jorter: The energy gap law for radiationless transition in large molecules, *Mol. Phys.*, **18**, 145 (1970).
[3.13] G. J. Small: Herzberg-Teller vibronic coupling and the Duschinsky effect, *J. Chem. Phys.*, **54**, 3300 (1971).
[3.14] A. M. Mebel, M. Hayashi, K. K. Liang, S. H. Lin: Ab initio calculations of vibronic spectra and dynamics for small polyatomic molecules: Role of Duschinsky effect, *J. Phys. Chem. A*, **103**, 10674 (1999).
[3.15] S. Tanaka, K. Takahashi, M. Hirahara, M. Yagi, K. Onda; Characterization of the excited states of *distal*- and *proximal*-$[Ru(tpy)(pynp)OH_2]^{2+}$ in aqueous solution using time-resolved infrared spectroscopy, *J. Photochem. Photobio. A: Chem.*, **313**, 87 (2015).

第 4 章

[4.1] M. Bixon, J. Jortner: Intramolecular radiationless transitions, *J. Chem. Phys.*, **48**, 715 (1968).
[4.2] 田中郁三 編：『励起分子の化学』，分子科学講座 11，共立出版（1987）．
[4.3] M. Born, J. R. Oppenheimer: Zur Quantentheorie der Molekeln, *Ann. der Phys.*, **84**, 457 (1927).
[4.4] 山崎勝義：『物理化学 Monograph シリーズ (下) 第 2 版』，広島大学出版会（2016）．https://home.hiroshima-u.ac.jp/kyam/pages/results/monograph/
[4.5] T. Azumi, K. Matsuzaki: What does the term “vibronic coupling” mean? *Photochem. Photobio.*, **25**, 315 (1977).
[4.6] A. メシア 著，小出昭一郎，田村二郎訳：『量子力学 3』，東京図書（1972）．
[4.7] 小出昭一郎：『量子力学（I）（改訂版）』，基礎物理学選書 5A，裳華房（1990）．
[4.8] 日本化学会 編：『非平衡状態と緩和過程』，化学総説 No.5，東京大学出版会（1974）．
[4.9] J. Jortner, S. A. Rice, R. M. Hochstrasser: Radiationless transitions in photochemistry, *Adv. Photochem.*, **7**, 149 (1969).

[4.10] 幸田清一郎，小谷正博，染田清彦，阿波賀邦夫 編：『反応速度論とダイナミクス』，大学院講義物理化学 第 2 版 II.，東京化学同人（2011）.
[4.11] 東 健一，長倉三郎 編：『緩和現象の化学』，岩波書店（1973）.
[4.12] S. H. Lin, R. Bershon: Effect of partial deuteration and temperature on triplet-state lifetimes, *J. Chem. Phys.*, **48**, 2732 (1968).
[4.13] B. R. Henry, W. Siebrand: Spin–orbit coupling in aromatic hydrocarbons. Analysis of nonradiative transitions between singlet and triplet states in benzene and naphthalene, *J. Chem. Phys.*, **54**, 1072 (1971).
[4.14] C. M. Marian: Spin-orbit coupling and intersystem crossing in molecules, *WIREs Comput. Mol. Sci.*, **2**, 187 (2012).
[4.15] 朝永振一郎：『新版 スピンはめぐる—成熟期の量子力学—』，みすず書房（2008）.
[4.16] B. R. Henry, W. Siebrand: Spin–orbit coupling in aromatic hydrocarbons. Calculation of the radiative triplet lifetimes of naphthalene, anthracene, and phenanthrene, *J. Chem. Phys.*, **51**, 2396 (1969).
[4.17] H. Luther, H. J. Drewitz: Die Molekülschwingungsspektren des Naphthalins und seiner Derivate VI. Mitteilung: Neuere Ergebnisse zur Zuordnung des Naphthalin, *Spektrums*, **66**, 546 (1962).
[4.18] M. Saigo, K. Miyata, S. Tanaka, H. Nakanotani, C. Adachi, K. Onda: Suppression of structural change upon S_1-T_1 conversion assists thermally activated delayed fluorescence process in carbazole-benzonitrile derivatives, *J. Phys. Chem. Lett.*, **10**, 2475 (2019).

第 5 章

[5.1] エリ・ランダウ，イェー・リフシッツ 著，小林秋男ほか 訳：『ランダウ，リフシッツ 統計物理学 第 3 版（上）』，岩波書店（1980）.
[5.2] 高田康民：『朝倉物理学体系 多体問題』，朝倉書店（1999）.
[5.3] D. J. Tannor 著，山下晃一ほか 訳：『入門 量子ダイナミクス—時間依存の量子力学を中心に—（下）』，化学同人（2012）.
[5.4] H. Eyring 著，長谷川繁夫ほか 訳：『絶対反応速度論（上）』，吉岡書店（1964）.
[5.5] 土屋荘次：『はじめての化学反応論』，岩波書店（2003）.
[5.6] 平田善則，川崎昌博：『化学反応』，岩波講座 現代化学への入門，岩波書店（2007）.
[5.7] R. D. レヴィン 著，鈴木俊法，染田清彦 訳：『分子反応動力学』，シュプリンガージャパン（2009）.

[5.8] J. I. Steinfeld, W. L. Hase, J. S. Francisco 著, 佐藤 伸 訳:『化学動力学』, 東京化学同人 (1995).

[5.9] J. H. Knox 著, 中川一朗ほか 訳:『分子統計熱力学入門』, 東京化学同人 (1974).

[5.10] 原田義也:『統計熱力学 ミクロからマクロへの化学と物理』, 裳華房 (2010).

[5.11] F. D. Giacomo: "Introduction to Marcus Theory of Electron Transfer Reactions", World Scientific Publishing (2020). 200 以上に及ぶ Marcs の論文を解説した本.

[5.12] R. A. Marcus: On the theory of oxidation-reduction reactions involving electron transfer I, *J. Chem. Phys.*, **24**, 966 (1956).

[5.13] R. A. Marcus: On the theory of oxidation-reduction reactions involving electron transfer II, Applications to data on the rates of isotopic exchange reactions, *J. Chem. Phys.*, **26**, 867 (1957).

[5.14] R. A. Marcus: Electron transfer reactions in chemistry. Theory and experiment, *Rev. Mod. Phys.*, **65**, 599 (1993).

[5.15] R. A. Marcus, N. Sutin: Electron transfers in chemistry and biology, *Biochim. Biophys. Acta*, **811**, 265 (1985).

[5.16] N. R. Kestner, J. Logan, J. Jortner: Thermal electron transfer reactions in polar solvents, *J. Phys. Chem.*, **78**, 2148 (1974).

[5.17] V. May, O. Kühn: "Charge and Energy Transfer Dynamics in Molecular Systems", Wiley-VCH (2000).

[5.18] V. May, O. Kühn: "Charge and Energy Transfer Dynamics in Molecular Systems", Third, Revised and Enlarged Edition, Wiley-VCH (2011).

[5.19] G. C. Schatz, M. A. Ratner 著, 佐藤 伸, 山下晃一 訳:『大学院講義 反応量子化学 時間依存系の理解のために』, 化学同人 (1998).

[5.20] R. A. Marcus: Nonadiabatic process involving quantum-like and classical-like coordinates with applications to nonadiabatic electron transfers, *J. Chem. Phys.*, **81**, 4494 (1984).

[5.21] D. N. Veratan, J. N. Onuchic, J. J. Hopfield: Electron tunneling through covalent and noncovalent pathways in proteins, *J. Chem. Phys.*, **86**, 4488 (1987).

[5.22] J. N. Onuchic, D. N. Beratan: A predictive theoretical model for electron tunneling pathway in proteins, *J. Chem. Phys.*, **92**, 722 (1990).

[5.23] A. Nitzan: "Chemical Dynamics in Condensed Phase", Oxford University Press (2006).

[5.24] A. M. Kuznetsov, J. Ulstarup: "Electron Transfer in Chemistry and Biology", John Wiley & Sons (1999).

[5.25] 富永圭介：溶液中における電子移動反応—溶媒の動的効果と振動の影響—, 分光研究, **42**, 3 (1993).

[5.26] 日本化学会 編, 伊藤 攻 著：『電子移動』, 化学の要点シリーズ 5, 共立出版 (2013).

[5.27] G. J. Kavarnos 著, 小林 宏 編訳：『光電子移動』, 丸善 (1997).

[5.28] S. Rafiq, G. D. Scholes: From fundamental theories to quantum coherences in electron transfer, *J. Am. Chem. Soc.*, **141**, 708 (2019).

[5.29] Y. Yamazaki, K. Ohkubo, D. Saito, T. Yatsu, Y. Tamaki, S. Tanaka, K. Koike, K. Onda, O. Ishitani: Kinetics and mechanism of intramolecular electron transfer in Ru(II)-Re(I) supramolecular CO_2-reduction photocatalysts: Effects of bridging ligands, *Inorg. Chem.*, **58**, 11480 (2019).

[5.30] D. M. Dattelbaum, K. M. Omberg, J. R. Schoonover, R. L. Martin, T. J. Meyer: Application of time-resolved infrared spectroscopy to electronic structure in metal-to-ligand charge-transfer excited states, *Inorg. Chem.*, **41**, 6071 (2002).

[5.31] T. Förster: Zwischenmolekkulare Energiewanderung und Fluoreszenz, *Ann. Physik*, **2**, 55 (1943). 日本語訳 日本化学会 編：『光化学』, 化学の原典 4, 学会出版センター (1986).

[5.32] R. E. Dale, J. Eisinger, W. E. Blumberg: The orientational freedom of molecular probes, *Biophys. J.*, **26**, 161 (1979).

[5.33] D. L. Dexter: A theory of sensitized luminescene in solids, *J. Chem. Phys.*, **21**, 836 (1953).

[5.34] 垣谷敏明：励起エネルギー移動と電子移動の基礎理論, 分光研究, **35**, 365 (1986).

[5.35] 垣谷俊明：『光・物質・生命と反応 下』, 丸善 (1998).

[5.36] G. D. Scholes: Long-range resonance energy transfer in molecular systems, *Annu. Rev. Phys. Chem.*, **54**, 57 (2003).

[5.37] J. O. Hirschfelder, C. F. Curtiss, R. B. Bird: "Molecular Theory of Gases and Liquids", John Wiley & Sons (1964).

第6章

[6.1] W. Demtröder: "Laser Spectroscopy 1, Basic Principles 5th edition", Springer (2014).

[6.2] W. Demtröder: "Laser Spectroscopy 2, Experimental Techniques 5th edition", Springer (2015).

[6.3] 山崎 巌：『光化学のためのレーザー分光・非線形分光法』，講談社（2013）.

[6.4] 日本化学会 編，中島信昭，八つ橋知幸 著：『レーザーと化学』，化学の要点シリーズ 4，共立出版（2013）.

[6.5] 霜田光一：『レーザー物理入門』，岩波書店（1983）.

[6.6] J. C. Diels, W. Rudolph: "Ultrafast Laser Pulse Phenomena, Fundamentals, Techniques on a Femtosecond Time Scale, 2nd Edition", Elsevier (2006).

[6.7] 岩田耕一：ピコ秒時間分解ラマン，分光研究，**69**，21（2020）.

[6.8] M. D. Levenson, S. S. Kano 著，狩野 覚，狩野秀子 訳：『非線形レーザー分光学』，オーム社（1988）.

[6.9] 黒田和男：『非線形光学』，コロナ社（2008）.

[6.10] W. T. Hill, Ⅲ, C. H. Lee 著，廣瀬千秋 訳：『光と物質の相互作用』，エヌ・ティー・エス（2007）.

[6.11] 服部利明：『非線形光学入門』，裳華房（2009）.

[6.12] 日本化学会 編：『強光子場の化学—分子の超高速ダイナミクス』，CSJ Current Review 18，化学同人（2015）.

[6.13] V. G. Dmitriev, G. G. Gurzadyan, D. N. Nikogosyan: "Handbook of Nonlinear Optical Crystals, Third Revised Edition", Springer (1999).

[6.14] T. Mukuta, N. Fukazawa, K. Murata, A. Inagaki, M. Akita, S. Tanaka, S. Koshihara, K. Onda: Infrared vibrational spectroscopy of $[Ru(bpy)_2(bpm)]^{2+}$ and $[Ru(bpy)_3]^{2+}$ in the excited triplet state, *Inorg. Chem.*, **53**, 2481 (2014).

[6.15] T. G. Spiro, J. D. Stong, P. Stein: Porphrin core expansion and doming in heme proteins. New evidence from resonance Raman spectra of six-coordinate high-spin iron(Ⅲ) hems, *J. Am. Chem. Soc.*, **101**, 2648 (1979).

[6.16] T. Mukuta, S. Tanaka, A. Inagaki, S. Koshihara, K. Onda: Direct observation of the triplet metal-centered state in $[Ru(bpy)_3]^{2+}$ using time-resolved infrared spectroscopy, *ChemistrySelect*, **1**, 2802 (2016).

索　引

【カ行】

【サ行】

【タ行】

【ナ行】

【ハ行】

【マ行】

【ヤ行】

〔著者紹介〕

恩田 健（おんだ　けん）

1994年　東京大学大学院理学系研究科博士課程修了
現　在　九州大学理学研究院化学部門教授，博士（理学）
専　門　反応動力学，光化学，超高速分光

化学の要点シリーズ　39　*Essentials in Chemistry 39*

時間分解赤外分光——光化学反応の瞬間を診る——

Time-Resolved Infrared Spectroscopy:
Real-Time Analysis of Photochemical Reactions

2021年 4 月25日　初版 1 刷発行

著　者　恩田 健

編　集　日本化学会　©2021

発行者　南條光章

発行所　**共立出版株式会社**

［URL］　www.kyoritsu-pub.co.jp
〒112-0006 東京都文京区小日向4-6-19　電話 03-3947-2511（代表）
振替口座　00110-2-57035

印　刷　藤原印刷

製　本　協栄製本

printed in Japan

検印廃止

NDC　431.5

ISBN 978-4-320-04480-7

一般社団法人
自然科学書協会
会員